Alexander Bierbaum

Haptische Exploration von unbekannten Objekten mit einer humanoiden Roboterhand

Haptische Exploration von unbekannten Objekten mit einer humanoiden Roboterhand

von
Alexander Bierbaum

Dissertation, Karlsruher Institut für Technologie
Fakultät für Informatik
Tag der mündlichen Prüfung: 12. Juli 2011

Impressum

Karlsruher Institut für Technologie (KIT)
KIT Scientific Publishing
Straße am Forum 2
D-76131 Karlsruhe
www.ksp.kit.edu

KIT – Universität des Landes Baden-Württemberg und nationales
Forschungszentrum in der Helmholtz-Gemeinschaft

KIT Scientific Publishing 2012
Print on Demand

ISBN 978-3-86644-830-8

Haptische Exploration von unbekannten Objekten mit einer humanoiden Roboterhand

Zur Erlangung des akademischen Grades eines

Doktors der Ingenieurwissenschaften

der Fakultät für Informatik
des Karlsruher Instituts für Technologie (KIT)
Universität des Landes Baden-Württemberg
und nationales Forschungszentrum
in der Helmholtz-Gesellschaft

genehmigte

Dissertation

von

Alexander Bierbaum

aus Freiburg im Breisgau

Tag der mündlichen Prüfung: 12. Juli 2011
Erster Gutachter: Prof. Dr.-Ing. Rüdiger Dillmann
Zweiter Gutachter: Prof. Dr. rer. nat. Norbert Krüger

Danksagung

Diese Arbeit entstand im Rahmen meiner Tätigkeit als wissenschaftlicher Mitarbeiter am Institut für Anthropomatik des Karlsruher Instituts für Technologie (KIT).

Allen voran möchte ich meinem Doktorvater Prof. Dr. Rüdiger Dillmann für seine Unterstützung, das mir entgegengebrachte Vertrauen, seinen fachlichen Rat und für die gewährte wissenschaftliche Freiheit herzlich danken.

Ebenso danke ich Prof. Dr. Norbert Krüger vom Maersk Mc-Kinney Moller Institute der University of Southern Denmark für die Übernahme des Korreferats, für sein dieser Arbeit entgegengebrachtes Interesse und die zahlreichen konstruktiven Gespräche während meiner Aufenthalte in Odense. In gleicher Weise gilt mein Dank Dirk, Jimmy sowie meinem ersten Masterstudenten Morten für die interessanten Gespräche und die gute Atmosphäre bei der Zusammenarbeit vor Ort.

Mein besonderer Dank gilt Dr. Tamim Asfour, dem Leiter der Forschungsgruppe Humanoide Roboter, für seine freundschaftliche Unterstützung, seinen unermüdlichen Einsatz und das Vertrauen in meine Arbeit.

Weiterhin bedanke ich mich herzlich bei Stefan Schulz, Artem Kargov, Immanuel Gaiser und Tino Werner vom IAI für die engagierte technische Unterstützung beim Aufbau und Einsatz der Roboterhand und die angenehme Zusammenarbeit. In gleicher Weise gilt mein Dank Dirk Göger und Nicolas Gorges vom IPR für den regelmäßigen offenen fachlichen Austausch und die freundschaftliche Zusammenarbeit.

Bei allen Kollegen bedanke ich mich herzlich für die gute Atmosphäre am Institut und die stets anzutreffende Hilfsbereitschaft. Insbesondere danke ich meinen Mitstreitern der ersten Stunde, Niko Vahrenkamp und Kai Welke, für fachlichen Rat, die ausgestrahlte Gelassenheit und ihr offenes Ohr. Ebenso gilt mein Dank den übrigen Kollegen der Humanoids Group in alphabetischer Reihenfolge Christian Böge, David Gonzalez, Markus Przybylski, Martin Do, Ömer Terlemez, Sebastian Schulz, Stefan Ulbrich. Mein besonderer Dank gilt Manfred Kröhnert und Julian Schill, die bereits als Studenten in umfangreicher Weise zu meiner Arbeit beigetragen haben. Allen zusammen danke ich für ihre gesammelte und bereitwillig zur Verfügung gestellte Linuxkompetenz sowie für die umfangreiche Unterstützung beim Realisieren der Demos mit ARMAR-III. Paul Holz danke ich für seinen Einsatz bei der Roboterwartung und der guten Zusammenarbeit in der Werkstatt.

Steffi Speidel danke ich für ihre große Hilfsbereitschaft, insbesondere für die Unterstützung bei den Aufnahmen in diesem Band und für die abwechslungsreichen Unterhaltungen. Martin Lösch und Sebastian Brechtel danke ich für ihre wertvolle Tätigkeit als IT-Admins am Institut, ebenso wie Stefan Suwelack für seine Unterstützung bei der Softwarebeschaffung. An dieser Stelle geht mein besonderer Dank an das engagierte Team vom Sekretariat, Christine, Diana, Isa und vormals Nela für die tatkräftige Unterstützung in zahlreichen Angelegenheiten des Institutsalltags.

Ebenso gebührt mein Dank den ehemaligen Kollegen. Allen voran danke ich Tilo Gockel, der mich erst auf den Weg zur wissenschaftlichen Tätgikeit gebracht hat. Darüber hinaus danke ich meinem ehemaligen Bürokollegen Joachim Schröder für die sehr gute Zusammenarbeit, auch bei den gemeinsamen Lehrveranstaltungen, sowie der Unterstützung in allen Lebenslagen. Weiterhin möchte ich Gunther Sudra und Steven Wieland für den in unterschiedlicher Weise unterhaltsamen Gedankenaustausch bei zahlreichen abwechslungsreichen Gesprächen danken.

Diese Arbeit wäre nicht zustande gekommen ohne den engagierten Einsatz der Studenten und Hiwis, mit denen ich in den letzten Jahren zusammengearbeitet habe. Stellvertretend für viele andere danke ich Dominik Burger, Sören Grein, Ilya Gubarev, Florian Otto, Matthias Rambow, David Schiebener und Stephan Voigt. Meinen Langzeit-Hiwis Roland Gergei und Boris Stach danke ich für ihren unermüdlichen Einsatz und ihre Kreativität bei der Lösung zahlreicher Probleme in allen Lebenslagen.

Mein besonderer Dank gilt meinen Eltern für die mühsame Vorbereitung des geistigen Fundaments zur Durchführung dieser Arbeit.

Meine Frau Carola hat mich während der Fertigstellung dieser Arbeit mit viel Liebe, Verständnis, Geduld und nicht zuletzt mit regelmäßigen gesunden Mahlzeiten unterstützt. Ohne ihre stete Motivation hätte diese Ausarbeitung möglicherweise noch lange auf sich warten lassen.
Diese Arbeit ist ihr und unseren Kindern Maria und Frederik gewidmet.

Inhaltsverzeichnis

Kapitel 1

Einleitung

Die Einsatzgebiete und Aufgabenstellungen von Robotersystemen befinden sich in einer Phase des Umbruchs. Bisher wurden Roboter primär in der industriellen Fertigung eingesetzt. Dort sind klar definierte Aufgabenstellungen vorgegeben, welche ein hohes Maß an Geschwindigkeit, Präzision, Wiederholgenauigkeit, Kraft oder einer Kombination dieser Anforderungen voraussetzen. Die Arbeitsumgebung des Roboters wird dabei gemeinsam mit der eingesetzten Sensorik auf die Aufgabenstellung abgestimmt.

Seit kurzer Zeit werden jedoch Robotersysteme in Form von Servicerobotern oder *Personal Robots* intensiv erforscht und entwickelt, die in unmittelbarer Umgebung des Menschen zum Einsatz kommen. Um solche Systeme im hochdynamischen und aus Maschinensicht unstrukturierten Arbeitsumfeld des Menschen einsetzen zu können, müssen sie in der Lage sein, einen möglichst großen Teil ihrer Umwelt autonom erfassen und einordnen zu können. Eine häufig anzutreffende Aufgabenstellung ist die Handhabung von Objekten. Um Handhabungsaufgaben durchführen zu können, benötigen Menschen wie auch Roboter ein Modell von Umwelt und Objekten, auf deren Grundlage ein Plan zur Durchführung der Aufgabe entwickelt werden kann. Das Handhaben von unbekannten Objekten ist für einen Roboter besonders schwierig, da in diesem Fall kein Modell vorhanden ist. Es ist nicht effizient, dem Roboter für jeden neuen Gegenstand oder Teil der Umwelt ein Modell vorzugeben, vielmehr ist eine automatisierte Modellbildung gewünscht. Dieser Vorgang wird als Exploration oder Erkundung bezeichnet.

Bisher wurden solche Explorationsverfahren hauptsächlich mit kamerabasierten Sensoren durchgeführt. Für die Erkundung und Kartierung unbekannter Umgebungen ist dies eine bewährte Technologie. Um jedoch die sichere Handhabung von unbekannten Objekten zu ermöglichen, müssen die Objektmodelle weitere

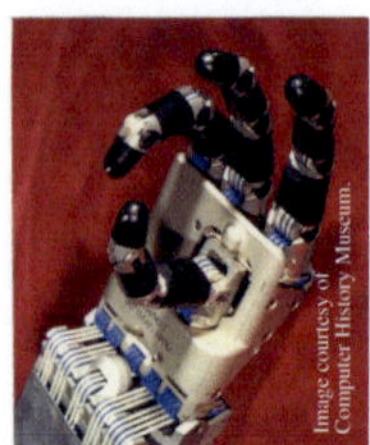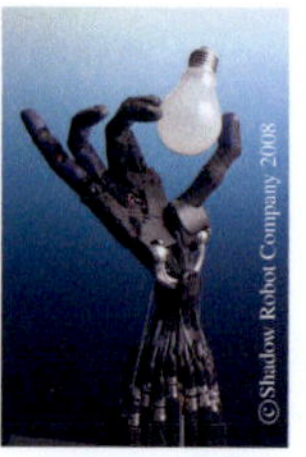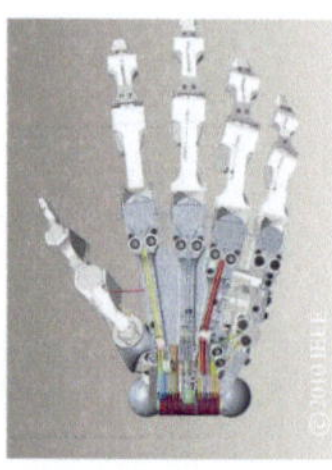

Abb. 1.1: Humanoide Roboterhände: MIT-Utah Hand [Jacobsen et al., 1986], DLR Hand II [Butterfass et al., 2001], Shadow Robot Hand [Shadow, 2003], Design DLR Hand IV [Chalon et al., 2010].

Informationen enthalten, die mit visuellen Sensoren nicht zuverlässig gewonnen werden können. Oftmals ist die Sicht auf das Objekt eingeschränkt und andere Blickwinkel sind nicht einnehmbar. Beispielsweise ist die Rückseite eines Objektes von vorne nicht sichtbar oder es entstehen beim Greifvorgang Verdeckungssituationen durch den Roboterarm. Weiterhin reagieren optische Sensoren empfindlich auf wechselnde oder extreme Sichtverhältnisse. Zur Lösung der Aufgabe kann man sich beim biologischen Vorbild von Mensch und Tier bedienen, bei denen die haptische Wahrnehmung eine elementare Rolle bei der Durchführung von Handhabungsaufgaben spielt. In Ergänzung und auch als Ersatz der visuellen Exploration wird hier die haptische Exploration zur Bewältigung solcher Aufgaben eingesetzt.

Der Begriff „Haptik" stammt vom griechischen Wort *haptikós*, welches „greifbar" bedeutet. Die haptische Wahrnehmung ermöglicht das aktive Erfühlen von Eigenschaften wie Größe, Kontur, Gewicht, Materialbeschaffenheit oder Temperatur eines Gegenstands. Ermöglicht wird dies durch eine Vielzahl unterschiedlicher Mechanorezeptoren, die sich als mechanische Sensoren in der Haut befinden. Beim Menschen verteilen sich diese Mechanorezeptoren in besonders konzentrierter Form im Bereich der Hände, die, in Verbindung mit der enormen Bewegungsfreiheit der Finger, zum haptischen Erkunden eingesetzt werden.

Aufgrund der vom Menschen bekannten vielfältigen Einsatzmöglichkeiten, werden auch für den Bereich der Serviceroboter humanoide Roboterhände entwickelt, insbesondere für den Einsatz in humanoiden Systemen. Abb. 1.1 zeigt verschiedene humanoide Roboterhände mit anthropomorphen Eigenschaften. Im Vordergrund stand bis vor kurzer Zeit die Nachbildung der menschlichen Aktorik und deren Bewegungsfreiheit. Durch den technischen Fortschritt und die Miniaturisierung im Bereich der Mikroelektronik, gelangt nun auch die Integration leistungsfähiger haptischer Sensorsysteme in Roboterhände in den Bereich des Möglichen. Während Sensoren zur Messung der Gelenkwinkelposition bereits seit längerer Zeit integriert werden können und Sensoren zur Messung der in den Gelenken auftretenden Momente zunehmend verbaut werden, sind umfassende Lösungen für ein menschenähnliches taktiles Sensorsystem, das, ähnlich der Haut, Berührungen zu lokalisieren vermag, derzeit noch Forschungsthema. Unter den neuen technischen Voraussetzungen liegt es nahe, Methoden der haptischen Exploration, wie sie von Mensch und Tier eingesetzt werden, auch für humanoide Roboter zu erforschen. Die Anwendung haptischer Methoden zur Erkundung von Umwelt und Gegenständen erscheint bereits durch das menschliche Vorbild als vielversprechender Ansatz, um Handhabungsaufgaben in unstrukturierten Umgebungen „greifbarer" zu machen.

1.1 Problemstellung und Beiträge der Arbeit

Die Zielsetzung dieser Arbeit ist die Untersuchung von Methoden und Anwendungen der autonomen, haptischen Exploration von unbekannten Objekten. Durch die Exploration soll der Roboter haptische Merkmale des Objektes erfassen, die in einer Objektrepräsentation akkumuliert werden. Als wichtige Anwendung wird die Planung von möglichen Griffen auf Grundlage der Explorationsdaten untersucht. Ebenfalls untersucht wird die Erstellung einer Objektrepräsentation aus den Explorationsdaten, die mit bestehenden Verfahren zur Klassifizierung oder Erkennung des Objektes herangezogen werden kann.

Es werden ausschließlich solche Explorationsmethoden betrachtet, die Information über die lokale Objektgeometrie liefern. Mit diesen Explorationsdaten lässt sich das geometrische Modell des Objektes vollständig oder teilweise rekonstruieren. Ein geometrisches Modell lässt sich auch mit visuellen Explorationsmethoden erzeugen, wodurch eine Ergänzung des Objektmodells mit kamerabasierten Methoden möglich wird. Weiterhin existieren bereits viele Verfahren, die Greifplanung, Klassifikation und Identifikation auf Basis geometrischer Objektdaten ermöglichen. Eine sehr einfache und sensornahe Repräsentation geometrischer Daten ist die der 3-D-Punktmenge, welche auch in der vorliegenden Arbeit als Objektrepräsentation gewählt wird. Die Kontaktpunkte der taktilen Sensoren mit dem zu explorierenden Objekt werden hierbei während der Exploration in Form eine 3-D-Punktmenge erfasst. Zusätzlich werden die Kontaktdaten mit einer lokalen Schätzung des Oberflächennormalenvektors versehen, so dass eine orientierte 3-D-Punktmenge entsteht.

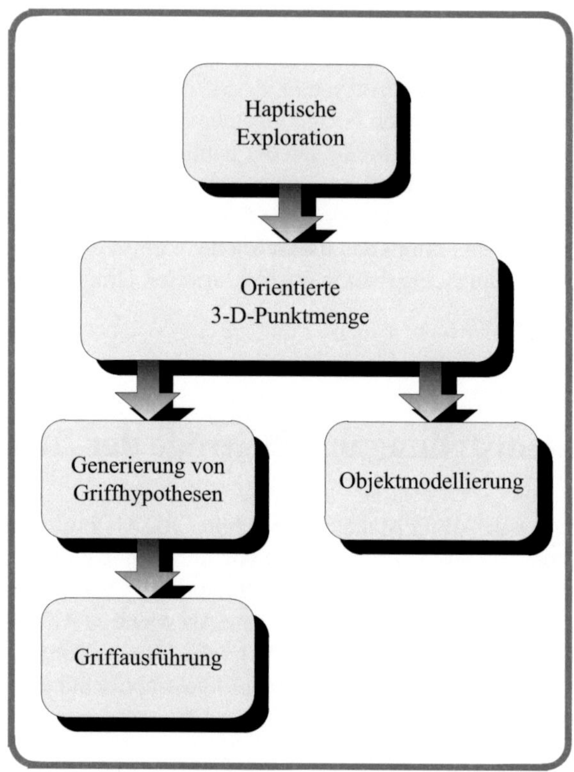

Abb. 1.2: Prozesskette für die Anwendung der haptischen Exploration.

Aus der Zielsetzung lässt sich die in Abb. 1.2 dargestellte Prozesskette für die Anwendung des haptischen Explorationsvorgangs ableiten. Die Richtung der Pfeile gibt hierbei den kausalen Ablauf der einzelnen Prozessphasen für die Verarbeitung der Explorationsdaten an.

Primär sollen die hier entwickelten Methoden der haptischen Exploration von Servicerobotern in unstrukturierten Szenen, wie der häuslichen Umgebung des Menschen, eingesetzt werden, um dem Roboter das Manipulieren zuvor unbekannter Objekte zu ermöglichen. Solche Roboter werden bereits seit einiger Zeit als humanoide Roboter konzipiert, um sowohl ein möglichst hohes Maß an Adaptivität an die gegenständliche Welt des Menschen wie auch eine hohe soziale Akzeptanz zu erreichen. Idealerweise sind humanoide Roboter daher auch mit anthropomorphen, mehrfingrigen Händen ausgestattet. Vor diesem Hintergrund werden die in dieser Arbeit entwickelten haptischen Explorationsmethoden für den Einsatz mit humanoiden Roboterhänden ausgelegt.

Im Einzelnen ergeben sich aus der Zielsetzung folgende Problemstellungen und Lösungsansätze:

- **Entwicklung einer Explorationssteuerung**
  Die Steuerung des Explorationsvorganges muss sich durch möglichst optimale Koordination der zur Verfügung stehenden Bewegungsfreiheitsgrade auszeichnen. Erst dadurch kann eine anthropomorphe Kinematik effizient zur haptischen Exploration von Objekten verwendet werden und sich gegenüber einfachen Ansätzen wie der Exploration mittels Taststäben durch höhere Geschwindigkeit und höheren Informationsgehalt der Explorationsdaten abheben. Hierfür muss ein Verfahren entwickelt werden, welches die Roboterhand autonom zur Erkundung unbekannter Bereiche innerhalb der zu explorierenden Region steuert. Für die Anwendung ist dabei die Möglichkeit wichtig, bereits vorhandenes Teilwissen über Umwelt oder Objekt integrieren und vorgeben zu können, um so beispielsweise einen unbekannten Gegenstand auf einem bekannten Tisch zu explorieren.
  Die Exploration der Objektform soll primär mit den berührungsempfindlichen Fingerspitzen der Hand erfolgen, wie dies auch beim Menschen der Fall ist. Da sich das Explorationsobjekt im kartesischen Arbeitsraum befindet, muss eine Transformation der Kontaktpunkte der Fingerspitzen mit dem untersuchten Objekt in den Gelenkwinkelraum des Roboters erfolgen. Daher ist eine echtzeitfähige Lösung des inversen kinematischen Problems für die verzweigte kinematische Kette der Roboterhand erforderlich.
  Die Entwicklung der Explorationssteuerung erfolgt zunächst in Simulation und wird abschließend auf dem realen Robotersystem evaluiert.

- **Greifen unbekannter Objekte**
  Aus den Kontaktpunkten der Hand mit dem Gegenstand wird ein geometrisches Objektmodell als orientierte 3-D-Punktmenge erstellt. Auf Basis dieser Repräsentation sollen mögliche Griffe für den explorierten Gegenstand durch ein Greifplanungsverfahren bestimmt werden. Da die 3-D-Punktmenge unregelmäßig und unvollständig ist, muss hierfür ein entsprechend robustes Verfahren eingesetzt werden.

- **Analytische Objektmodellierung**
  Die durch haptische Exploration gewonnene orientierte 3-D-Punktmenge kann Bereiche stark unterschiedlicher Datendichte aufweisen. Dadurch ist der Einsatz von herkömmlichen Punktmengenverarbeitungsmethoden, wie sie im Bereich der Computergrafik und 3-D-Rekonstruktion Verwendung finden, nicht ohne Weiteres möglich. Im Rahmen dieser Arbeit werden daher Methoden zur 3-D-Rekonstruktion aus haptischen Kontaktinformationen für den Einsatz mit einer Roboterhand erarbeitet. Dies umfasst Werkzeuge zur 3-D-Punktmengenverarbeitung und Flächenrekonstruktion aus dünnen, unregelmäßig dichten Punktmengen. Damit soll ein analytisches Objektmodell unter Verwendung geometrischer Primitive generiert werden, welches die Gewinnung höherer Objektmerkmale wie Größe, globale Form oder Symmetrie erlaubt.

- **Entwicklung und Integration eines Sensor- und Steuerungssystems für eine anthropomorphe Hand**
  Die Explorationssteuerung wird auf einem realen Robotersystem evaluiert. Damit die Roboterhand zur haptischen Exploration verwendet werden kann, muss sie mit taktiler und propriozeptiver Sensorik ausgestattet werden. Als Versuchssystem wird der humanoide Roboter ARMAR-III [Asfour et al., 2006] verwendet, der mit zwei anthropomorphen, pneumatisch betriebenen Roboterhänden ausgestattet ist. Um mit einer anthropomorphen Roboterhand haptische Explorationsverfahren auf menschenähnliche Weise auszuführen, ist eine nachgiebige Positionsregelung der Fingergelenke erforderlich. Die Roboterhand muss dafür mit einem leistungsfähigen Sensorsystem ausgestattet werden, um so eine kombinierte Kraft- und Positionsregelung der Fingergelenke zu ermöglichen. Zu diesem Zweck wird eine neue Handsteuerung entwickelt, welche einzelne Fingergelenke mit den Informationen aus Positions- und Luftdrucksensorik regeln kann, sowie eine Kommunikationsschnittstelle für die Bewegungskoordination mit dem Roboterarm über die Explorationssteuerung zur Verfügung stellt.

1.2 Aufbau und Inhalt der Arbeit

Diese Arbeit ist in acht Kapitel untergliedert, die sich inhaltlich mit wissenschaftlichen Grundlagen sowie den einzelnen Komponenten der Prozesskette aus Abb. 1.2 und deren Evaluierung auseinandersetzen. Im Einzelnen sind die Kapitel dieser Arbeit wie folgt aufgeteilt:

Kapitel 2 gibt den Stand der Forschung in den relevanten Teilbereichen wieder. Neben dem Kenntnisstand zur haptischen Wahrnehmung des Menschen wird der Stand der Technik im Bereich der haptischen Robotersensorik zusammengefasst und ein Überblick über Forschungsarbeiten zur haptischen Exploration mit Robotersystemen gegeben.

Kapitel 3 stellt das entwickelte Konzept zur potenzialfeldbasierten haptischen Exploration in ausführlicher Tiefe vor.

Kapitel 4 befasst sich mit der Generierung von Griffhypothesen auf Grundlage der Explorationsdaten als orientierte 3-D-Punktmenge.

Kapitel 5 befasst sich mit der Entwicklung einer robusten Methode zur Schätzung eines Superquadrik-Objektmodells aus den Explorationsdaten, welches zur Objektklassifikation herangezogen werden kann. Die Teilevaluierung der Methode findet sich ebenfalls in diesem Kapitel.

Kapitel 6 behandelt Entwicklung und Aufbau des haptischen Sensor- und Steuerungssystems für die anthropomorphe Roboterhand. Des Weiteren findet sich hier die Teilevaluierung der pneumatischen Regelung.

Kapitel 7 erläutert Evaluierungsmethoden und durchgeführte Experimente der in den Kapiteln 3 und 4 vorgestellten Methoden und diskutiert die Ergebnisse.

Kapitel 8 beinhaltet die Zusammenfassung dieser Arbeit und gibt einen Ausblick auf weiterführende Forschungsarbeiten.

Kapitel 2

Stand der Forschung

Die Fähigkeit, Gegenstände durch Berührung mit den Händen zu erkunden und daraus Wissen über deren Beschaffenheit und Verwendbarkeit zu beziehen, ist beim Menschen gegenüber anderen Lebewesen am weitesten ausgeprägt. Diese Entwicklung ging mit der Evolution der menschlichen Hand einher. Für die entsprechende Entwicklung einer Methode zur haptischen Exploration für ein Robotersystem ist es damit von Bedeutung zunächst das natürliche Vorbild zu betrachten. Das Kapitel widmet sich deshalb den Details der haptischen Wahrnehmungsfähigkeit des Menschen aus physiologischer und psychologischer Sicht. Für Sensorsysteme von Roboterhänden ergeben sich hieraus relevante Anforderungen, die anschließend gemeinsam mit dem Stand der Forschung diskutiert werden. Darüber hinaus werden in Abschn. 2.3 aus der Literatur bekannte Arbeiten zur haptischen Exploration durch Roboter diskutiert.

2.1   Die haptische Wahrnehmung des Menschen

Im Folgenden werden Erkenntnisse und Bedeutung der menschlichen Anatomie, Psychologie und Physiologie für die haptische Exploration beleuchtet. Dazu werden zunächst der Aufbau der menschlichen Hand sowie das somatosensorische System als Träger des Tastsinns betrachtet. Anschließend werden Verfahren und Abläufe im menschlichen Nervensystem aus psychologischer und neurophysiologischer Sicht nach heutigem Kenntnisstand zusammengefasst.
Zur Beschreibung von Körperteilen und Vorgängen werden die aus dem Lateinischen stammenden medizinischen Begriffe verwendet. Diese sind ihrerseits im Glossar dieser Arbeit erläutert.

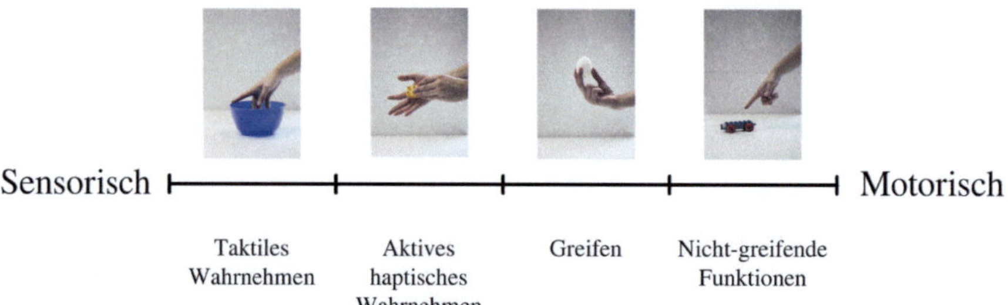

Abb. 2.1: Das sensomotorische Kontinuum für die Funktionen der menschlichen Hand nach [Jones und Lederman, 2006].

2.1.1 Funktion und Aufbau der menschlichen Hand

Die menschliche Hand ist ein außergewöhnliches Werkzeug, mit dem eine Vielzahl von Funktionen und Tätigkeiten verrichtet werden kann. In [Jones und Lederman, 2006] werden diese Funktionen der Hand entlang eines sensomotorischen Kontinuums angeordnet, entsprechend dem Verhältnis zwischen erforderlichen sensorischen und motorischen Ressourcen, vgl. Abb. 2.1.

Dieses Kontinuum lässt sich in vier Kategorien unterteilen. Die *taktile Wahrnehmung* bezeichnet das Empfinden von Berührung zwischen der stationären Hand und einem Gegenstand. Dabei verhält sich die Hand rein passiv, so dass im Wesentlichen Texturen oder Temperaturunterschiede bei der Berührung festgestellt werden. Besser geeignet zum Erfassen von Objekteigenschaften ist das *aktive haptische Erkunden*, bei dem die Hand aktiv und zielgerichtet über die Oberfläche eines Gegenstandes bewegt wird. Diese Funktion erfordert gleichermaßen sensorische und motorische Fähigkeiten. Dies gilt ebenfalls für die Funktion des *Greifens*, bei der Hand und Arm zielgerichtet bewegt werden, um ein Objekt zu greifen und es anschließend zu manipulieren, z. B. um es zu bewegen. Bei beiden letztgenannten Kategorien ist die hochgenaue zeitliche Koordination und Regelung der Bewegung mithilfe der sensorischen Rückführung von den Mechanorezeptoren erforderlich. Zusätzlich verwendet der Mensch seine Hände auch für die Realisierung von Zeigegesten und zur Bedienung von Instrumenten und Geräten.

Ermöglicht wird diese Vielzahl von Funktionen durch einen komplizierten, jedoch optimal angepassten Aufbau aus Knochen, Bändern, Gelenken, Muskeln und der Haut als schützende Hülle. Die Hand setzt sich aus 27 Einzelknochen zusammen, siehe Abb. 2.2.

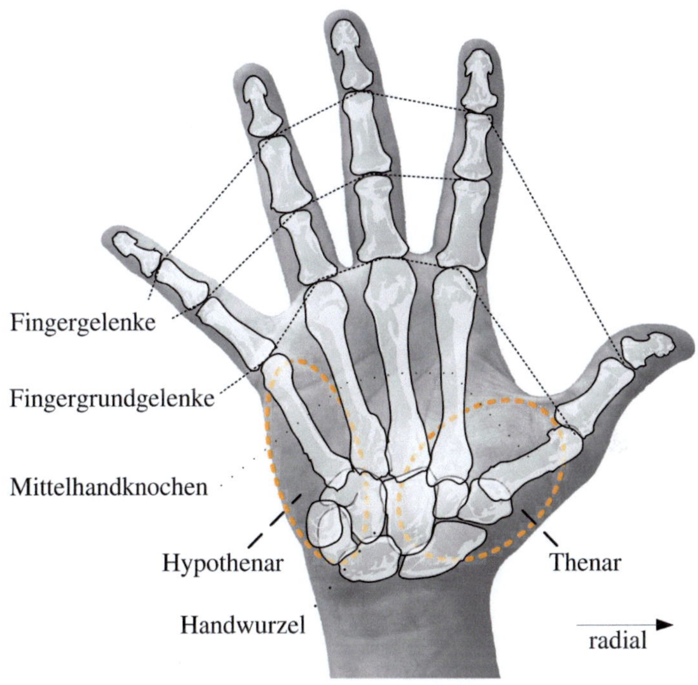

Abb. 2.2: Skelettstruktur der menschlichen Hand (Teile der Abbildung aus [Villarreal, 2008]).

Die acht Knochen der Handwurzel sind durch Teilgelenke zusammengesetzt. Alle Teilgelenke zusammen werden als Handgelenk bezeichnet. Dieses ermöglicht die Flexion und Extension in Richtung Handfläche bzw. Handrücken sowie die Abduktion in ulnarer bzw. radialer Richtung. Weitere fünf Knochen bilden die Mittelhand, deren erster radial gelegenener Knochen sich im Gegensatz zu den übrigen weitgehend unabhängig bewegen lässt und damit die Opposition des Daumens ermöglicht. Die fünf Finger mit ihren insgesamt 14 Fingerknochen, davon zwei für den Daumen und je drei für die übrigen vier Finger sind in ihren Gelenken nahezu frei beweglich. Die Fingergrundgelenke sind als Kugelgelenke ausgebildet, welche die Flexion, Extension, Abduktion und Adduktion der Finger ermöglichen. Die Fingergelenke sind einfache Scharniergelenke, die lediglich Flexion und Extension erlauben. Die Knochen der Finger werden als proximale, mittlere, distale Fingerglieder bezeichnet. Durch die Flexion der einzelnen Gelenke können die Finger typischerweise einen Winkelbereich von bis zu 260° überstreichen. Der Daumen verfügt lediglich über proximale und distale Fingerknochen, zu denen jedoch der zuvor genannte radiale metakarpale Knochen hinzukommt. Dieser ist über das Daumensattelgelenk an der Handwurzel mindestens in zwei Achsen beweglich gelagert und verfügt darüber hinaus über eine eingeschränkte axiale Beweglichkeit.

Die Hand wird von 29 unabhängigen Muskeln bewegt, von denen ein Großteil im Unterarm gelagert ist und die über Sehnen an die Knochen in der Hand gebunden sind. Da von einigen der Handmuskeln mehrere Sehnenstränge ausgehen ist die Hand über insgesamt 38 Sehnen mit der Unterarmmuskulatur verbunden. Daneben gibt es innerhalb der Handfläche vier weitere Muskelgruppen. Die Muskeln des Thenar bilden den Daumenballen und sind an der Opposition und Pronation des Daumens beteiligt. Der gegenüberliegende Hypothenar ermöglicht Flexion und Abduktion des kleine Fingers. Zwischen den Mittelhandknochen sitzen weitere Muskeln für die Abduktion der drei mitteleren Finger. Neben den aktorischen Funktion bilden die Muskeln innerhalb der Hand ein Schutzpolster für die darin verlaufenden Nerven.

2.1.2 Das somatosensorische System des Menschen

Die haptische Wahrnehmung des Menschen wird durch das somatosensorische System ermöglicht. Mit diesem Sinnes-System können folgende Arten von Empfindungen wahrgenommen und im Körper lokalisiert werden:

- Die *Tiefensensitivität* nimmt Empfindungen aus dem Körperinneren wahr. Die Propriozeption als Teil der Tiefenwahrnehmung erfasst Position, Bewegung und Belastung von Gelenken und Gliedmaßen durch lokal angeordnete Mechanorezeptoren.

- Mit der *Oberflächensensitivität* oder taktilen Wahrnehmung werden über Mechanorezeptoren in der Haut Empfindungen wahrgenommen, die durch externes Einwirken auf die menschliche Haut verursacht werden. Dies ermöglicht einen diskriminativen Berührungssinn zur Erkennung von Größe, Form und Textur von Objekten mit der Haut.

- Das *Schmerzempfinden* (Nozizeption) stellt die bevorstehende oder bereits entstandene Verletzung von Körpergewebe fest.

- Das *Temperaturempfinden* (Thermozeption) dient neben der Regulierung der Körpertemperatur auch dem vorzeitigen Erkennen von zu hoher oder zu niedriger lokaler Temperatureinwirkung.

Die Mechanorezeptoren der Tiefenwahrnehmung werden als Propriozeptoren zusammengefasst. Hierzu gehören die am Übergang zwischen Muskeln und Sehnen gelegenen Golgi-Sehnenorgane, mit denen die Muskelspannung erfasst wird. Muskelspindeln sind an den Muskelfasern im Inneren des Muskels eingebettet. Sie erfassen die Länge und Längenänderung des Muskels. Die Gelenkstellung und -bewegung wird durch Ruffini- und Pacinikörperchen in den Gelenkkapseln erfasst, wie sie auch in der Haut zu finden sind. Jedoch sind die Propriozeptoren nicht genau genug um die exakte absolut genaue Konfiguration der Gliedmaßen ermitteln. Zu diesem Zweck werden häufig der Sehsinn oder die Oberflächenwahrnehmung ergänzend miteinbezogen, um so die relative Lage eines Körperteils zu einer externen Referenz visuell bzw. durch Kontaktlokalisation genauer bestimmen zu können.

Den diskriminativen Berührungssinn der Oberflächenwahrnehmung ermöglichen verschiedene Arten von Mechanorezeptoren, wie in Abb. 2.3 dargestellt.

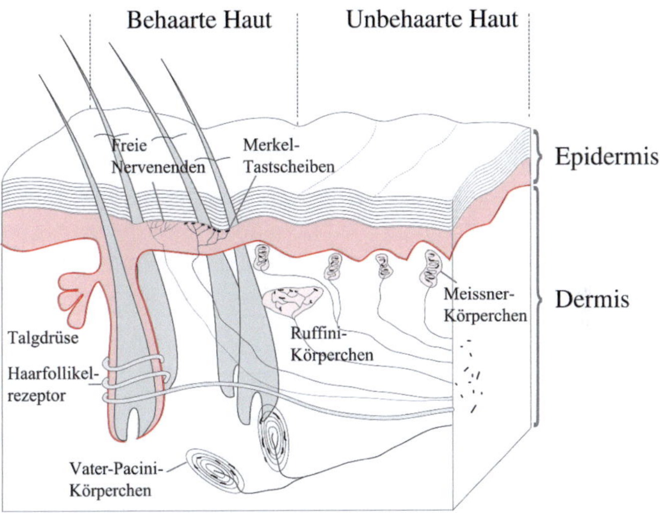

Abb. 2.3: Mechanorezeptoren in der menschlichen Haut (Teile der Abbildung aus [Haslwanter, 2011]).

Die Mechanorezeptoren in der menschlichen unbehaarten Haut sind primäre Sinneszellen, d.h. Neuronen die direkt über eigene afferente Nervenfasern mit dem zentralen Nervensystem verbunden sind. Über die Nervenfasern werden Erregungen des Rezeptors als Impulsfolge von Aktionspotenzialen weitergeleitet.

Die Mechanorezeptoren unterscheiden sich in ihrer mechanischen Frequenzantwort, die für das zeitliche Adaptionsverhalten gegenüber einer Stimulation charakteristisch ist. Darüber hinaus sind Größe und Form des rezeptiven Feldes unterschiedlich. Das rezeptive Feld ist der räumliche Bereich im Gewebe, innerhalb dessen ein Rezeptor auf Stimuli reagiert. Die Dichte der Rezeptoren variiert je nach Hautregion. Es finden sich vier verschiedene Klassen von Mechanorezeptoren in der menschliche Haut [Jones und Lederman, 2006]:

SA-I (engl. Abk. *Slowly Adapting 1*) Diese langsam adaptierenden Mechanorezeptoren reagieren auf statischen Druck oder Zug und kodieren in ihrer Aktionspotenzialfolge die Eindringtiefe eines Kontaktstimulus senkrecht zur Hautoberfläche. Das rezeptive Feld hat dort einen Durchmesser von $2-3$ mm. Im Bereich der Handfläche finden sich etwa 10 Rezeptoren/cm^2, während die Dichte an den Fingerspitzen bis zu 70 Rezeptoren/cm^2 beträgt. Diese hohe Rezeptordichte ermöglicht das hochauflösende Tasten von Form und Oberflächentexturen. Die Faserenden vom SA-I Typ werden nach ihrem Entdecker auch als Merkel-Tastscheiben bezeichnet.

SA-II (engl. Abk. *Slowly Adapting 2*) In tieferen Schichten der Haut liegen diese ebenfalls langsam adaptierenden Rezeptoren, die vor allem die Dehnung der Haut registrieren. Das zugehörige rezeptives Feld ist etwa fünf mal größer als das der SA-I Typen. Im Bereich der Handfläche finden sich etwa 20 Rezeptoren/cm^2, während die Dichte an den Fingerspitzen bei lediglich 10 Rezeptoren/cm^2 beträgt. Somit spielen sie für die Registrierung von Oberflächendetails keine bedeutende Rolle. Die Fasern vom SA-II Typ enden in sog. Ruffini-Körperchen.

FA-I (engl. Abk. *Fast Adapting 1*) In der unbehaarten Haut finden sich schnell adaptierende Rezeptoren, die als Geschwindigkeitsrezeptoren bei einer Veränderung der Reizstärke stimuliert werden, z. B. beim Entstehen eines Kontaktes oder beim Rutschen eines gegriffenen Gegenstandes. Die Dichte dieses Rezeptortyps ist sehr hoch und liegt bei etwa 25 Rezeptoren/cm^2 im Bereich der Handfläche und bei 140 Rezeptoren/cm^2 an der Fingerspitze. Das rezeptive Feld ist mit einem Durchmesser von $3-5$ mm ähnlich klein wie das der SA-I Rezeptoren, jedoch zeigt es eine gleichmäßige Empfindlichkeitsverteilung, so dass die Oberflächenauflösung geringer ausfällt. Die Faserenden werden als Meissner-Körperchen bezeichnet. In der behaarten Haut finden sich diese Mechanorezeptoren nicht. Hier wird eine ähnliche Funktion durch die Haarfollikel geleistet, die bereits auf leichte Bewegungen des Haarschaftes reagieren.

FA-II (engl. Abk. *Fast Adapting 2*) Dieser Rezeptortyp adaptiert am schnellsten auf einen Stimulus und ist in der Hand mit geringerer Häufigkeit zu finden als die übrigen Typen. Es finden sich etwa 350 Einheiten je Finger und 800 Einheiten auf der Handfläche, der Durchmesser des rezeptiven Feldes liegt im Bereich von 200 − 100 mm und ist mit Abstand am größten. Die FA-II Rezeptoren liegen tief in der subkutanen Fettschicht und detektieren die Veränderung der Reizgeschwindigkeit, also die Beschleunigung, wie z. B. bei Vibration. Die FA-II Rezeptoren heißen auch Vater-Pacini-Körperchen.

Für die taktile Wahrnehmung sind die Thermorezeptoren in Form von temperaturempfindlichen, offenen Nervenenden ebenfalls von Bedeutung. Bei Kontakt der Haut mit einer körperfremden Oberfläche wird eigene Körperwärme abgegeben oder aufgenommen und der entstehende lokale Temperaturunterschied über die Thermorezeptoren registriert. Dies erzeugt einen komplementären Sinneseindruck zur Druckwahrnehmung durch die Mechanorezeptoren.

Für die haptische Wahrnehmung weniger von Bedeutung sind die Nozizeptoren. Sie erzeugen Schmerzempfindungen bei der Zerstörung oder Irritation von Gewebe.

2.1.3 Haptische Exploration durch den Menschen

In Abschn. 2.1.1 wurde das sensomotorischen Kontinuum zur Darstellung des Funktionsspektrums der menschlichen Hand vorgestellt, dessen sensorische Hälfte zwischen passivem und aktiven Tastsinn unterscheidet. Dieser bedeutende Unterscheidung wurde von Gibson eingeführt [Gibson, 1962]. Während beim passiven Tastsinn die Haut berührt wird, ohne dass sich die zugehörigen Gliedmaßen bewegen, gehört zum aktiven Tastsinn die Bewegung der beteiligten Gliedmaßen, besonders im Falle der Hand. Die ersten Experimente von Gibson [Gibson, 1962] und weitere Untersuchungen von Heller [Heller, 1984] haben gezeigt, dass im Allgemeinen der aktive gegenüber dem passiven Tastsinn bezüglich Genauigkeit und Erkundungsdauer überlegen ist, wenn es darum geht einen Gegenstand haptisch zu erkennen. In [Klatzky et al., 1985] wurde die hervorragende Fähigkeit des Menschen gezeigt, alleine mit dem aktiven Tastsinn zwischen hundert in Größe, Form und Material abweichenden Alltagsgegenständen zu unterscheiden. Damit wurde der verbreiteten Ansicht widersprochen, dass der Tastsinn dem Sehsinn in dieser Fähigkeit deutlich unterlegen sei. Diese Ansicht war über die vorangegangenen Jahrzehnte entstanden, nachdem Experimente zur Objekterkennung mit künstlichen, bedeutungslosen Gegenständen und Braille-Displays durchgeführt wurden, die jedoch nicht alle Modalitäten des Tastsinns ansprachen. Die Genauigkeit mit der Gegenstände durch haptische Exploration erkannt werden können, steigt deutlich mit dem Vorhandensein von lokalen Texturmerkmalen oder besonderen Materialeigenschaften, z. B. Elastizität oder Wärmeleitfähigkeit, wie dies bei Alltagsgegenständen in der Regel der Fall ist. In [Lederman und Klatzky, 1987] wurden weitere Ergebnisse psychophysikalischer Experimente vorgestellt, die zeigten, dass der Mensch beim aktiven Tasten im Wesentlichen auf einen festen Satz von Explorationsprozeduren (Abk. EP - engl. *Exploratory Procedure*) zurückgreift, um mit der Hand einzelne haptische Aspekte von Objekten erfassen zu können. Abb. 2.4 zeigt die untersuchten EPs der menschlichen Hand, die folgendermaßen klassifiziert wurden:

1. **Lateralbewegung:** Es wird die lokale Textur erfasst, indem die Fingerspitzen typischerweise durch schnell wiederholtes seitliches Reiben über einen kleinen, planaren Ausschnitt der Oberfläche geführt werden.

2. **Härteprüfung:** Auf den festgehaltenen Gegenstand wird lokal Druck ausgeübt, um die Materialhärte zu prüfen.

3. **Statischer Kontakt:** Um die Temperatur oder die Wärmeleitfähigkeit eines Gegenstandes zu erfassen, wird die flache Hand ohne Druck aufgelegt. Der Gegenstand ist dabei mit der anderen Hand oder extern fixiert.

4. **Wiegen:** Der Gegenstand wird in der flachen Hand gehalten, während häufig zusätzlich der Arm gehoben und gesenkt wird, um einen Eindruck für das Gewicht zu gewinnen.

5. **Umschließen:** Um die Form zu erfassen, versucht die Hand beim Umschließen maximalen Kontakt mit der Oberfläche des Gegenstandes herzustellen. Häufig wird dabei das Objekt wiederholt verschoben, um verschiedene Bereiche zu umschließen.

6. **Konturfolgen:** Besondere Konturmerkmale, wie z. B. Kanten, werden mit den Fingern abgetastet und ihr Verlauf verfolgt. Entsprechend findet dieser EP keine Anwendung bei glatten Oberflächen.

7. **Beweglichkeitsprüfung:** Es wird versucht einen Teil des Gegenstandes mit der einen Hand zu bewegen, während der übrige Teil mit der anderen Hand fixiert ist.

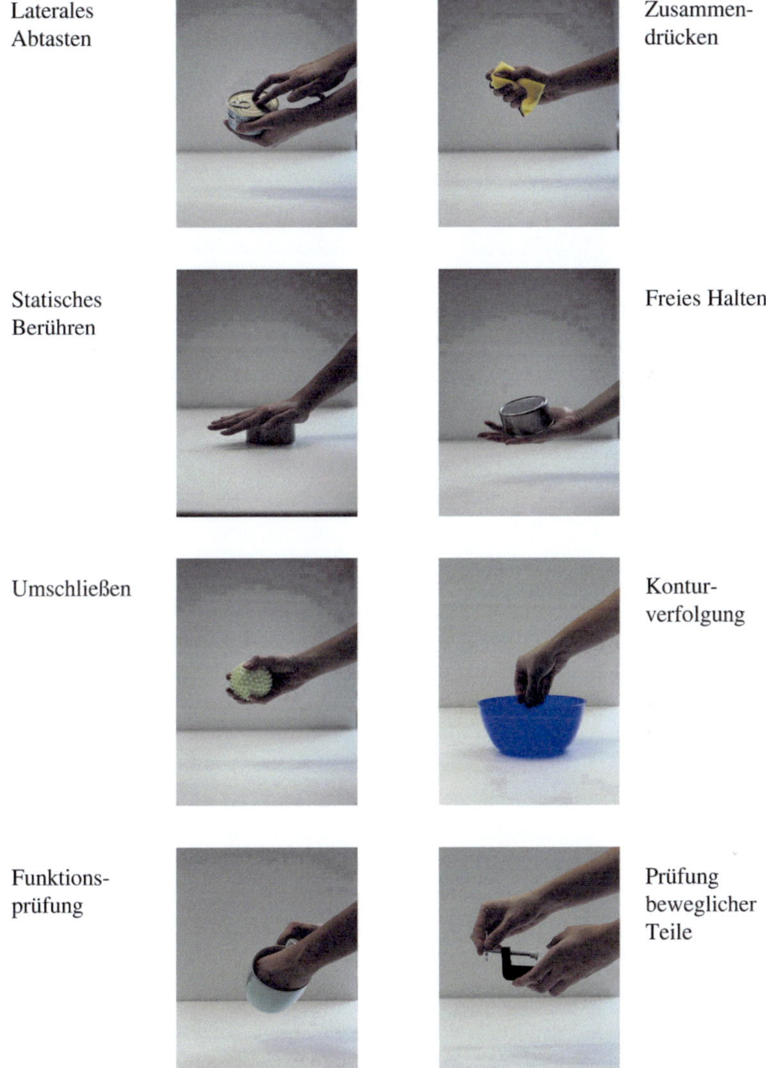

Abb. 2.4: Typische haptische Explorationsverfahren des Menschen, nach [Lederman und Klatzky, 1987].

8. **Funktionsprüfung:** Bei der spezifischen Funktionsprüfung wird versucht, den Gegenstand als Werkzeug für einen bestimmten Zweck einzusetzen.

Für diese Arbeit besonders interessant sind die EPs zur Erfassung von Form und Kontur einer Objektoberfläche, die eine 3-D-Rekonstruktion des Objektes ermöglichen. Während beim passiven Tastsinn die Sinneseindrücke entsprechend den Eigenschaften der Hautoberfläche zweidimensionaler Natur sind, kann der Mensch durch die Bewegung von Hand und Fingern beim aktiven Tasten die dreidimensionale Lage von Objektmerkmalen erfassen. Dabei ist zu unterscheiden zwischen Objekten, die etwa die Größe der Fingerspitze haben und solchen, die wesentlich größer sind. Über deren Wahrnehmung und die zugrundeliegende Objektrepräsentation ist wenig bekannt. Übersteigt die Größe des Objektes die der Hand, werden zur Erfassung der geometrischen Form in der Regel beide Hände eingesetzt, um Symmetrien als Objektmerkmale festzustellen [Ballesteros und Heller, 2008]. Es wurde ebenfalls untersucht, welche Rolle die Anzahl der Finger bei der haptischen Exploration spielen [Jansson und Monaci, 2004]. So zeigte sich eine signifikant höhere Erkennungsrate bei der Verwendung von zwei Fingern statt einem Finger während der Exploration. Jedoch zeigte sich keine weitere deutliche Verbesserung bei der Hinzunahme weiterer Finger.

Von Bedeutung für die Objekterkennung ist das Vorhandensein von räumlichen Bezug. In der Literatur wird das egozentrische, haptische Bezugssystem, das durch kinästhetische Informationen gebildet wird, vom allozentrischen, durch visuelle Koordinaten geprägten externen Bezugssystem unterschieden. Experimente haben gezeigt, dass die Genauigkeit bei räumlichen Tätigkeiten, die alleine mit dem Tastsinn, also ohne Sehsinn, durchgeführt werden, stark vom Vorhandensein körperzentrierter Bezüge abhängt, siehe z. B. [Ballesteros und Heller, 2006]. Diese können z. B. durch Herstellung eines einmaligen Referenzkontakts mit der Umwelt initialisiert werden. Die Wahrnehmung und Verwendung von räumlichen Bezügen wurde von Millar umfangreich in ihrer Referenz-Hypothese dargestellt [Millar, 1994]. Die Verwendung körperzentrierter und allozentrischer Bezugssystem bei haptischen Tätigkeiten wurde in [Klatzky und Lederman, 2003] und [Millar und Al-Attar, 2004] untersucht.

Moderne bildgebende Verfahren, wie die funktionelle Kernspintomographie oder die Positronen-Emissions-Tomographie, erlauben bei hoher Auflösung die Darstellung von aktivierten Strukturen im menschlichen Gehirn. Untersuchungen auf Basis dieser Technologie haben gezeigt, dass sowohl bei visuellen wie auch bei haptischen Erkennungsaufgaben der Occipitallappen der Großhirnrinde aktiv ist. Weitere Untersuchungen unterstützen die Vermutung, dass der sog. LOC

(Abk. engl. *Lateral Occipital Complex*) innerhalb dieser Hirnregion zu einem Großteil an der Erkennung von räumlichen Objekten beteiligt ist ([James et al., 2006],
[Kourtzi und Kanwisher, 2001]). Nach haptischer Exploration von künstlichen 3-
D-Gegenständen durch Probanden erzeugte das spätere Vorführen dieser Objekte
wiederum eine Aktivierung im LOC, jedoch nicht, wenn sich die Probanden diese
Objekte lediglich vorstellen sollten. Die Ergebnisse werden so interpretiert, dass
im Gehirn eine gemeinsame höhere Objektrepräsentation vorliegt, die aus visuellen
und haptischen Informationen gebildet wird.

2.2 Haptische Sensorik für Roboterhände

Um die Fähigkeit der haptischen Exploration in menschenähnlicher Weise mit
einem Roboter zu realisieren, muss dieser idealerweise mit einem Sensorsystem
ausgestattet werden, welches ähnliche Informationen zur Verfügung stellt, wie
das somatosensorische System dem Menschen. Die Begriffe der Oberfächen- und
Tiefenwahrnehmung aus Abschn. 2.1.2 lassen sich auf die Robotik übertragen.
Aus einer Kombination von Positionsgeber- und Kraftmesssystemen lässt sich für
Roboter eine präzise und umfassende propriozeptive Sensorik realisieren. Denkt
man dabei an die Wiederholbarkeit von Bewegungen, so übertrifft ein solches
Sensor-Aktorsystem bezüglich Genauigkeit sogar das des Menschen. Die Oberflächensensitivität hingegen wird mit taktilen Sensoren realisiert. Im Folgenden
werden kurz die wichtigsten Sensortechnologien und ihre Einsatzbereiche vorgestellt. Eine umfassende Betrachtung der haptischen Sensorik für Roboterhände
findet sich beispielsweise in [Martin, 2004].

2.2.1 Positionsgeber

Klassische Sensoren zur Tiefenwahrnehmung sind Positionsgeber, häufig auch als
Positionsencoder oder einfach nur als Encoder bezeichnet. In Roboterystemen sind
sie stets zur Rückführung der Regelgröße bei der Positionsregelung erforderlich.
Positionsgeber können als Drehgeber bei Rotationsachsen den Achswinkel sowie
als Lineargeber den Verfahrweg bei linearen Positioniersystemen präzise und
zeitnah erfassen. Zu unterscheiden ist darüber hinaus zwischen Inkrementalgebern,
welche lediglich relative Positionsänderungen erfassen und Absolutwertgebern,
welche die Position relativ zur Einbaulage des Sensors und somit absolut messen
können. Positionsgeber sind seit langem Stand der Technik und als solche in einer

Vielfalt von Baugrößen und Ausführungen kommerziell erhältlich. Abb. 2.5 zeigt zwei verschiedene Ausführungen rotatorischer Positionsgeber.

Abb. 2.5: Optischer Inkrementalgeber der Firma *Avago Technologies* (links), magnetisches Absolutgebermodul mit Sensor-IC AS-5040 der Firma *Austriamicrosystems*, mit Magnet (rechts).

2.2.2   Kraft- und Momentenmessung

Zur Erfassung von Kräften in Aktoren bieten sich Messsysteme auf Basis von Dehnmessstreifen (Abk. DMS) an, z. B. kombinierte Kraft-Drehmoment-Sensoren. Häufig lassen sich Kräfte auch direkt aus der in die Aktoren geleiteten Energie ableiten – man denke hierbei an den Motorstrom oder den Flüssigkeitsdruck in hydraulischen Aktoren. Sensoren zur Kraft- und Momentenmessung in Roboteraktoren und -gelenken sind Stand der Technik. Abb. 2.6 zeigt zwei verschiedene Ausführungen solcher Sensoren.

2.2.3   Taktile Sensorik

Für Robotikanwendungen sind derzeit keine taktilen Sensorsysteme verfügbar, die in ihrer Leistungsfähigkeit mit dem des Menschen vergleichbar wären. Die Anforderungen an ein taktiles Sensorsystem für die Manipulation wurden bereits früh formuliert. In einer Studie von Harmon [Harmon, 1982] aus dem Jahr 1982 wurden durch Befragung von Wissenschaftlern und Herstellern aus dem Bereich

Abb. 2.6: Kraft-Momenten-Sensoren der Firma *ATI Industrial Automation* (links), Momentensensor in Speichenradbauweise der Firma *ME-Meßsysteme* (rechts).

der Robotik, spezielle und allgemeine Anforderungen an taktile Sensoren erfasst, die bis heute ihre Gültigkeit haben. Hier bezieht sich der Begriff der taktilen Sensoren auf Mehrfeldsensoren, die Kontaktkräfte an mehreren Punkten kontinuierlich erfassen können. Damit wird eine Grenze gezogen zu einfachen Kraftsensoren, die, wie in Abschnitt 2.2.2 beschrieben, lediglich in einem Punkt die Kraft messen können, oder zu einfachen Berührungssensoren, die lediglich zwischen Kontakt und Nicht-Kontakt unterscheiden. Es ist zu beachten, dass die ermittelten Anforderungen von allgemeiner Natur sind und für eine Umsetzung stets in Abhängigkeit der jeweiligen Anwendung zu betrachten und anzupassen sind. Unter diesem Gesichtspunkt ergeben sich folgende wesentliche Anforderungen für taktile Sensoren bezüglich ihrer Anwendung für die taktile Exploration:

Hautähnliche Oberfläche und Beschaffenheit: Die Sensorfelder sollten in ein möglichst dünnes, flexibles Substrat eingebettet sein. Das Substratmaterial soll dadurch für die lückenlose Bedeckung der aktiven Finger eines Robotergreifers geeignet sein. Die äußere mit der Umwelt in Kontakt tretende Schicht des Sensors sollte Eigenschaften der menschlichen Hautoberfläche aufweisen, wie Nachgiebigkeit und dauerhafte Robustheit gegen Abnutzung. Dies kann gegebenfalls durch eine Ummantelung des Substrats mit einer Schicht aus geeignetem, elastischen Material realisiert werden. Idealerweise weist eine solche Schicht auch ein Reibungsprofil mit druckabhängiger Charakteristik, ähnlich dem der menschlichen Haut auf. Dadurch wären bei niedriger Kontaktkraft ausgeführte streichende Bewegungen über Oberflächen während der haptischen Exploration möglich. Außerdem könnten auch stabile rutschfeste Griffe bei höherer Kraft realisiert werden.

Flächenauflösung: Die Lokalisation von Kontaktpunkten soll in der Größenordnung von $1-2$ mm möglich sein. Für die Oberfläche einer Fingerspitze
etwa ist damit eine Sensormatrix mit 10×15 Elementen geeignet. Diese
Größenordnung ist für den heutigen Integrationsgrad im Bereich der Halblei-
terfertigungstechnik zu groß sowie für den großflächigen, makroskopischen
und diskreten Schaltungsaufbau auf Leiterplatten ungeeignet.

Empfindlichkeit und Messbereich: Der Sensor sollte eine hohe Empfindlichkeit
bei gleichzeitig großem Dynamikbereich aufweisen, so dass sowohl sehr kleine als auch sehr große Kräfte erfasst werden können. Die Ansprechschwelle
sollte in der Größenordnung von $1-5$ g Gewichtsäquivalent liegen. Damit
können selbst leichte Berührungen bei der Exploration erfasst werden. Die
obere Messgrenze sollte im Bereich von 1 kg Gewichtsäquivalent liegen,
wobei der Sensor jedoch großzügig mechanischer Überlastung standhalten
sollte. Damit ergibt sich ein gewünschter Dynamikbereich von 1000:1.

Signalqualität und Kennlinie: Die Messung soll mit geringem Rauschen wie-
derholbar und möglichst zuverlässig sein. Die Signalcharakteristik soll kontinuierlich, monoton und hysteresefrei sein. Linearität ist hingegen nicht
unbedingt erforderlich, wenn eine eindeutige inverse Funktion zur Kraftbe-
rechnung aus dem Signal existiert. Zur Realisierung des großem Dynamik-
umfangs ist beispielsweise eine logarithmische Kennlinie vorteilhafter als
eine lineare Charakteristik.

Frequenzcharakteristik: Die Zeitkonstante des Sensors sollte für die Anwendung
in einer Regelschleife klein im Vergleich zur Zeitkonstante des Regelkreises
sein. Die Reaktionszeit des Menschen auf einen externen Kontaktstimulus
liegt bei etwa $100-150$ ms. Um mit einem geregelten Robotersystem annähernd diese Größenordnung zu erreichen ist für das Signal eines einzelnen
Elements eine Bandbreite von etwa $100-1000$ Hz erforderlich.

Periphere Signalverarbeitung: Die Sensordaten müssen zur Weiterverarbeitung
an die nächsthöhere Systemebene weitergeleitet werden. Aus elektrischer
Sicht stellt sich hierbei stets das Problem der elektrischen Verbindungstechnik
und Datenkommunikation, welches bei der Integration des Sensorsystems zu
lösen ist.

Stromverbrauch: Der Stromverbrauch des gesamten Sensorsystems sollte niedrig
sein. Diese Forderung ist z.B. bei Einsatz optischer, LED-basierter Systeme
oder auch niederohmiger DMS-Technik nicht selbstverständlich.

Weitere Messgrößen: Neben Kontakt und Druck sollten weitere Messgrößen in ein taktiles Sensorsystem integriert werden. So ist die Temperatur bei Einsatz einer temperierbaren Haut an der Berührungsstelle eine wichtige Messgröße um durch die erfolgte Wärmeableitung oder -zufuhr auf Materialeigenschaften des berührten Gegenstandes zu schließen. Ebenfalls für viele Anwendungen nützlich wäre die Integration von lokal auflösenden, näherungsempfindlichen Sensoren in das taktile Sensorsystem. Damit könnten Kontakte vorhergesehen und gegebenenfalls vermieden werden.

Diese und weitergehende Anforderungen, die ausdrücklich ein multimodales taktiles Sensorsystem einbeziehen, wurden mit der Verfügbarkeit neuer Materialien und Fertigungstechniken unter dem Begriff der *empfindlichen Haut* zusammengefasst und erneuert [Lumelsky et al., 2001]. Besonders gefordert wird wiederum eine hautähnliche Beschaffenheit des Sensorsystems, so dass es möglich wird, die Oberfläche des Roboter lückenlos mit taktiler Sensorik zu versehen. Erst mit einem solchen Sensorsystem kann der sichere Einsatz von Robotern in unstrukturierten Umgebungen ermöglicht werden. Ebenfalls von Bedeutung ist ein solches Sensorsystem für die sichere Mensch-Roboter-Interaktion.

Umfangreiche Übersichten zu Ergebnissen der Forschung und technischen Lösungen im Bereich taktiler Sensorik finden sich in verschiedenen Arbeiten. Ein umfassende Studie aus den 90er Jahren findet sich in [Lee und Nicholls, 1999]. Übersichten zu taktilen Sensoren und Technologien für den Anwendungsbereich in der Robotik aus dem vergangenen Jahrzehnt finden sich in [Tegin und Wikander, 2005], [Cutkosky et al., 2008] sowie [Dahiya et al., 2010]. Ansätze für hautähnliche Sensoren, die auf neuen Materialien und Fertigungstechniken basieren und den zuvor beschriebenen Anforderungen in vielen Punkten nahe kommen, sind in [Dargahi und Najarian, 2005] wiedergegeben. Es existieren wenige kommerzielle Lösungen für taktile Sensoren. Die erforschten Ansätze unterteilen sich in Lösungen nach unterschiedlichen Messprinzipien und Fertigungstechnologien:

Intrinsische Sensoren: Hierbei handelt es sich um Kraft- und Momentensensoren, wie in Abschn. 2.2.2 vorgestellt, die in Miniaturbauweise zur Erfassung taktiler Kontakte in Roboterfingern eingesetzt werden [Bicchi et al., 1993]. Sehr genaue Sensoren die Kräfte und Drehmomente in Richtung aller Raumachsen gleichzeitig erfassen sind in Form von Kraft-Momenten-Sensoren weit verbreitet. Durch das Messprinzip kann jedoch grundsätzlich keine Lokalisierung von Kontakten in Multikontakt-Szenarien erfolgen.

Elektrischer Widerstand: Am häufigsten verbreitet sind taktile Sensorelemente die Druckänderungen in Änderungen des elektrischen Widerstands umwandeln. Basismaterialien für solche Elemente sind elektrisch leitfähige Elastomere oder Schäume, die durch Dispersionsmischung aus einem nachgiebigen, elastischen Grundstoff mit elektrisch leitfähigen Partikeln, wie z.B. Graphit oder Silber gewonnen werden. Die Krafteinwirkung führt zu elastischer Verformung und veringert die Dichte der elektrisch leitfähigen Partikeln. Somit wird auch der elektrische Widerstand verringert. Neben der Temperaturabhängigkeit des Sensormaterials und der Kontaktierungsstelle führt dieses Sensorkonzept zu stark nichtlinearen Kennlinien. So zeigt sich ein ausgeprägtes Kriechverhalten mit Hysterese unter Krafteinwirkung bedingt durch die elastischen Eigenschaften. Diese Effekte führen dazu, dass solche Sensoren nicht für präzise Kraftmessungen geeignet sind, sehr wohl jedoch um Kontaktpunkte zu lokaliseren. In Verbindung mit einer Elektrodenmatrix lassen sich großflächig lokal auflösende Sensoren aufbauen. Ein Beispiel für einen Sensor mit Elektroden in Sandwich-Bauweise findet sich in [Caffaz et al., 2000]. In [Kerpa et al., 2003] wird eine Variante mit leitfähigem Schaum und auf einer Leiterplatte planar angeordneten Elektroden vorgestellt. Aus dieser Entwicklung ist später eine kommerziell verfügbare Lösung der Firma *Weiss Robotics* hervorgegangen [Weiss, 2011], siehe Abb. 2.7b.

In ähnlicher Weise basieren die sog. FSR (Abk. engl. *Force Sensing Resistor*)-Sensoren auf einem piezoresistiven Schicht die auf einem Polymerfilm aufgetragen ist. Auf diese Schicht wird ein weiterer Polymerfilm geklebt auf dessen Innenseite leitfähige Elektroden zur Kontaktierung gedruckt sind ([Tise, 1988],[Yaniger, 1991]). Der vollständige Sensor ist zwar dünn und flexibel, darf jedoch nur planar appliziert werden. FSRs, dargestellt in Abb. 2.7a, zeigen ähnliche nichtlineare Eigenschaften wie leitfähige Elastomere, darüber hinaus zeichnen sie sich durch ein minimal erforderliche Ansprechkraft im Bereich von $20 - 30$ g Gewichtsäquivalent aus, ab der erst eine messbare Widerstandsänderung festgestellt werden kann. Damit ist dieser Sensor zu Erfassung leichter oder streichener Berührungen ungeeignet. Dennoch finden diese Sensoren aufgrund ihrer guten Verfügbarkeit und des günstigen Preises häufig ihren Einsatz als taktile Sensoren in der Robotik. Anbieter FSR-basierter Sensoren sind beispielsweise die Firmen *Interlink Electronics, Inc.* [Interlink, 2007] oder *Tekscan, Inc.* [Tekscan, 2011]. Eine ausführliche Charakterisierung und Evaluierung dieses Sensortyps für den Bereich der haptischen Exploration findet sich in [Kjaergaard et al., 2007].

Als letztes Sensormaterial mit kraftabhängiger Widerstandskennlinie sei

(a)   (b)   (c)

Abb. 2.7: Kommerziell verfügbare taktile Sensoren unterschiedlicher Technologien: FSRs der Fa. Interlink [Interlink, 2011] (a), Modell DSA-9335 der Fa. Weiss [Weiss, 2011] (b)), *Robotouch*-Sensor der Fa. PPS [PPS, 2011] (c).

das QTC (Abk. engl. *Quantum Tunnel Composite*) der Firma *Peratech Ltd.* [Peratech, 2011] erwähnt, das nur als kundenspezifische taktile Sensorlösung erhältlich ist. So wurden QTC-Perlen beim taktilen Sensorsystem der Robotnaut-Hand zum Vergleich mit FSR-Sensoren eingesetzt [Martin et al., 2004]. Dem Sensor wurden ähnliche Eigenschaften wie FSR-basierten Systemen bei gleichzeitig besserer Verarbeitbarkeit zugeschrieben.

Kapazitiv: Bei kapazitiven Sensoren wird die Änderung der Kapazität unter Krafteinwirkung erfasst. Dabei ändert sich durch Krafteinwirkung Abstand oder Oberfläche zweier gegenüberliegender Elektroden, die durch ein dielektrisches Material isoliert sind. In Folge ändert sich die Kapazität der Anordnung. Dieser Sensor verhält sich prinzipbedingt nachgiebig. Eine umfangreiche Beschreibung für den Aufbau eines solchen Sensors findet sich in [Nicolson, 1994]. Kapazitive Sensoren sind sehr empfindlich, erfordern jedoch eine aufwändige Messelektronik, die erst in jüngerer Zeit auf Chipgröße integriert werden konnte, siehe z.B. [Schmitz et al., 2008]. Für die zu deformierenden Teile des Sensors, also die Elektroden oder das Dielektrikum, werden in der Regel elastische Materialen mit nichtlinearen Eigenschaften wie Materialkriechen oder Rückstellhysterese eingesetzt. Dadurch verhält sich die Kennlinie des Sensors entsprechend nichtlinear. Weitere Beispiele für den Einsatz dieser Sensoren finden sich in [Son et al., 1995],[Johnston et al., 1996] [Allen et al., 1997]. Kapazitive Sensoren wie in Abb. 2.7c werden kommerziell von der Firma *Pressure Profile Systems, Inc.* [PPS, 2011] angeboten.

  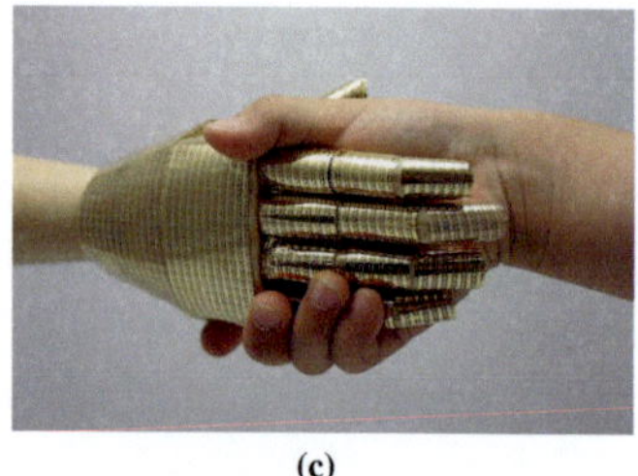

(a)   (b)   (c)

Abb. 2.8: Taktile Sensoren in der Forschung: Optischer taktiler Sensor [Ueda et al., 2005] (2.8a), taktil sensitives Gewebe [Alirezaei et al., 2009] (2.8b), MEMs-basierte taktil- und temperaturempfindliche künstliche Haut [Someya et al., 2005b] (2.8c).

Hall-Effekt: Über den Hall-Effekt kann die lokale magnetische Feldstärke als Spannung gemessen werden. Dazu wird ein Magnet kuppelförmig in einem Elastomere eingegossen [Torres-Jara et al., 2006]. Die Kuppel wird mit ihrer ebenen Unterseite unmittelbar über einem Hall-Sensor befestigt, der die Änderung der lokalen Feldstärke bei Deformation der elastischen Kuppel misst. Durch Verwendung mehrerer Messpunkte kann die Lage des Magneten festgestellt werden und daraus auf die Art der Deformation geschlossen werden.

Optisch: Mehrere Ansätze beschäftigen sich damit taktile Stimuli mit CCD- oder CMOS-Kamerasensoren zu erfassen. Das Grundkonzept besteht darin lokale Kontakt- oder Druckinformationen in ein optisches Muster zu überführen, das von einer Kamera aufgenommen wird, siehe z.B. [Nagata et al., 1999], [Umeda et al., 1999],[Ueda et al., 2005]. Als Druckaufnehmer dient auch hier in der Regel eine planare Elastomerfläche, wobei eine Seite als äußere Kontaktfläche dient und die gegenüberliegende Rückseite mit einem optisch sichtbaren Muster versehen ist. Unter lokaler Druckeinwirkung verformt sich das Elastomer und somit auch das von der Kamera aufgenommene Muster. Als weitere Komponenten sind eine künstliche Lichtquelle sowie eine Fokussieroptik für den Kamerasensor erforderlich, die einer Miniaturisierung dieses Konzeptes Grenzen setzen. So wurden optische taktile Sensoren bisher lediglich als lokale Fingerspitzensensoren eingesetzt, da hier der Finger als Bauraum für den Sensoraufbau diente.

EIT: In [Alirezaei et al., 2007] wurde ein taktiler Sensor vorgestellt, der das Messprinzip der aus dem medizinischen Bereich stammenden Elektro-Impedanztomographie (Abk. EIT) auf ein dünnes leitfähiges Elastomer überträgt. Dabei werden Elektroden am Rand des Sensorsmaterials platziert, von denen einige in unterschiedlichen Konfigurationen als Stromquellen verwendet werden, während die Spannungsdifferenz zu den übrigen Elektroden gemessen wird. Diese ist abhängig von der lokalen Leitfähigkeit des Materials. Mit diesem Messprinzip lässt sich die Materialkonfiguration in allen Raumrichtungen erfassen. Um die dreidimensionale Deformation des Sensors aus den Spannungsmesswerten zu rekonstruieren wird das Problem mithilfe eines FEM (Abk. Finite Elemente Methode)-Modells invertiert, wodurch ein hoher Rechenaufwand entsteht. Das Sensormaterial ist kostengünstig und textilähnlich und lässt sich somit an jede Oberflächenkontur anpassen.

MEMs: Mit der Verbreitung von MEMS (Abk. engl. *Micro-Electro-Mechanical System*)-Fertigungstechnologien ergaben sich neue Möglichkeiten zur Entwicklung von taktilen Sensoren auf Basis der Mikrosystemtechnik. So konnten 3-Achsen-Kraftaufnehmer in der Größenordnung von $1-2$ mm hergestellt werden, die sich auf einer flexiblen Leiterplatte in hoher Dichte anordnen ließen [Beccai et al., 2005]. In [Kim et al., 2005] wurde eine 10×10 Sensormatrix von 3-Achsen-Kraftaufnehmern auf einer Grundfläche von 10×10 mm vorgestellt, die direkt auf einem flexiblem Polymersubstrat gefertigt wurde. Diese Sensordichte entspricht bereits dem Auflösungsvermögen einer menschlichen Fingerspitze. Ein Ansatz, um großflächige, flexible MEMS-basierte taktile Sensoren herzustellen wurde in [Lee et al., 2006] vorgestellt. Hier wurde eine kapazitive Sensormatrix mit 1×1 mm Zellengröße in einem elastischen Silikonsubstrat eingebettet. Mit leitfähigem Klebstoff können mehrere solcher Sensormatrizen zu großen Flächen verbunden werden.

Organische Halbleiter: Aus leitfähigen Polymeren lassen sich flexible organische Halbleiter herstellen. Die dafür erforderliche Fertigungstechnologie befindet sich jedoch noch im Entwicklungsstadium. In [Someya et al., 2005a] wurde eine flexible taktile Haut auf Basis organischer Halbleiterstrukturen vorgestellt. Die Haut erhält bei dem vorgestellten Fertigungsprozess eine netzartige Struktur und ist dadurch hochflexibel. Auch hier beträgt der Abstand zwischen den Sensorelementen 1 mm. Neben resistiven Druckaufnehmern wurden hier ebenfalls thermische Sensoren zur Temperaturmessung im gleichen Rasterabstand in die Struktur eingearbeitet, welche die Funktion der Thermorezeptoren der menschlichen Haut nachbilden.

Auch wenn sowohl in MEMS-Technologie als auch mit organischen Halbleitern hochauflösende, miniaturisierte taktile Sensoren für großflächige Anwendungen hergestellt werden konnten, finden sich wenige Veröffentlichungen zu Ergebnissen in Anwendungen der Robotik. Neben der noch nicht ausreichenden technischen Robustheit einiger Lösungen [Someya et al., 2009] liegt ein weiterer Grund hierfür in fehlenden Lösungen für die Sensorintegration in Robotersysteme. In Zukunft werden hier Konzepte zur Weiterleitung der gelieferten Messdaten durch Busse und lokale Verarbeitungseinheiten erforscht werden müssen, da die Verarbeitung der enormen Messdatenmenge äußerst ressourcenintensiv ist.

Die eingangs beschriebenen Forderungen für ein menschenähnliches taktiles Sensorsystem werden derzeit von keinem der beschriebenem Ansätze in hinreichendem Maße erfüllt.

2.3 Haptische Exploration durch Roboter

Die Forschungsarbeiten zur haptischen Exploration durch Roboter setzen sich mit unterschiedlichen Schwerpunkten dieses komplexen Vorganges auseinander. Im Folgenden werden einige der wichtigsten Ansätze zur Erfassung der Form und der taktilen Textur eines Objektes beschrieben.

In der Robotik werden Verfahren des Maschinensehens oder der taktilen Exploration angewendet, um die räumliche Gestalt eines unbekannten Objektes zu erfassen. Im Falle des Maschinensehens kann dies etwa mithilfe von Kameras oder laserbasierten Distanzsensoren erfolgen. Bei der taktilen Exploration werden Kontaktpunkte zwischen einem taktilen Sensor und dem untersuchten Objekt lokalisiert und registriert. Bekanntermaßen können Bildverarbeitungssysteme durch ungünstige Beleuchtungsverhältnisse in ihrer Funktion stark eingeschränkt werden oder gar versagen. Ebenso bereiten völlige oder teilweise Verdeckungssituationen Probleme bei der visuellen Objekterkennung. Unter solchen Umständen werden Aufnahmen des Objektes aus unterschiedlichen Blickwinkeln aufgenommen, die durch einen aufwändigen Registrierungsprozess wieder zusammengeführt werden müssen. Von einem Roboter erzeugte taktile Kontaktdaten hingegen können direkt in ein 3-D-Modell überführt werden.

In Abschn. 2.1.3 wurden die EPs als die vom Menschen hauptsächlich angewandten haptischen Explorationsmethoden erläutert. Einzelne solcher EPs wurden in [Allen, 1990] vom Mensch auf den Roboter übertragen, um daraus die Form eines Objektes zu erfassen. Hier wurde jedoch aus den durch die unterschiedlichen EPs gewonnenen Daten kein gemeinsames Objektmodell erzeugt. Darüber hinaus wurden in der Arbeit Überlegungen beschrieben, wie die implementierten EPs in ein Rahmenwerk zur Steuerung des Explorationsvorganges eingebettet werden könnten. In ähnlicher Weise wurden in [Stansfield, 1991] sämtliche bekannten EPs für einen Manipulatorarm mit Roboterhand und taktilen Sensoren umgesetzt. Auch hier wird das Problem der übergeordneten Steuerung für die Exploration nicht gelöst, die erfasste Objektrepräsentation bleibt zusammenhanglos.

In den meisten später entstandenen Arbeiten konzentrierte man sich auf die Umsetzung einzelner EPs für die Objekterkennung und -klassifikation. Dabei wird zwischen globalen und lokalen Objektmerkmalen sowie den zugehörigen Repräsentationen unterschieden.

Zu den globalen Merkmalen eines Objektes gehören die physikalischen Eigenschaften der Masse und des Massenschwerpunkts. Darüber hinaus spricht man von globaler Form, wenn sich die geometrische Form des Objektes näherungsweise durch einfache Gestaltprimitive, wie z. B. Kugeln oder Quader beschreiben lässt. Die Größe oder räumliche Ausdehnung eines Objektes ist ebenfalls ein globales Merkmal. Da die EPs hierfür jedoch häufig roboterspezifisch implementiert sind, wird diese Objekteigenschaft in der Regel roboterzentriert beschrieben. Die funktionalen Objekteigenschaften sind ebenfalls globale Merkmale.

Lokale Merkmale sind Eigenschaften, die nur für räumlich begrenzte Teilbereiche des Objektes gleichförmig sind. Viele haptisch erfassbaren Merkmale, die somit durchaus lokal beschreibbar sind, wie z. B. Textur, Elastizität oder charakteristische dynamische Eigenschaften, werden als Sonderfall bei Objekten mit entsprechend homogener Topologie zu globalen Merkmalen. Für nicht-triviale Objekte wird auch die geometrische Form stets lokal beschrieben, z. B. als trianguliertes Oberflächennetz.

2.3.1 Exploration globaler Objektmerkmale

In [Tanaka und Kushihama, 2002] wurde ein Systemkonzept zur multimodalen Exploration mit Schwerpunkt auf der Erkundung globaler haptischer Merkmale vorgestellt. Dabei wurde der Begriff der *Haptic Vision* (engl.: Haptisches Sehen) als Erweiterung der aus der Robotik bekannten *Active Vision* mit dem aktiven haptischen Tastsinn eingeführt. Das Konzept sieht vor, dass zunächst die lokale geometrische Form mithilfe aktiven Sehens bestimmt wird. Anschließend werden physikalische Eigenschaften, wie Masse und Massenschwerpunkt, durch Anstoßen des Objektes mit einem Manipulator ermittelt. Die Bewegung des Objektes wird mit dem Kamerasystem beobachtet, gleichzeitig werden die Kontaktkräfte mit einem Kraftsensor am Werkzeug des Manipulators gemessen. Aus der Trajektorie des Objektes wird seine Masse geschätzt und es wird ein Bewegungsverhaltensgraph für das Objekt erstellt, der die Vorhersage der Objektbewegung unter Krafteinwirkung ermöglicht. Vereinfachend wurden hierbei im Experiment nur zweidimensionale Objektbewegungen auf einer Tischplatte erfasst. Das System wurde in [Tanaka et al., 2004] um die Erfassung von unterschiedlichen Reibungskoeffizienten durch die Objektoberfläche ergänzt.

In [Uejo und Tanaka, 2004] wurde das System um einen EP zur funktionalen Prüfung von zweidimensional beweglichen Teilen eines Objektes erweitert. Damit ließ sich der Bewegungsraum von gelenkig zusammengesetzten Werkzeuggegenständen, wie einer Zange oder einem Heftgerät, modellieren.

Mit Methoden des maschinellen Lernens sollten in [Ogata et al., 2005] dynamische Objekteigenschaften nach haptischer Interaktion erlernt werden. Dabei wurden akustische Geräusche, Bewegungstrajektorien und taktile Wahrnehmung erfasst, während der Roboter versuchte das Objekt entlang einer vorgegebenen Trajektorie zu verschieben. Aus den Eingangsdaten wurden einzelne Merkmale extrahiert und zur Trainierung eines neuronalen Netzes verwendet. Die Struktur des trainierten neuronalen Netzes organisierte sich entlang einiger wesentlicher Objekteigenschaften. So waren im Merkmalsraum des Netzes die Beweglichkeit, die geräuschhafte Bewegung und die Farbe blau unterscheidbar.

In ähnlicher Weise wurde in [Omrcen et al., 2009] das Bewegungsverhalten von Objekten durch Anstoßen erlernt, um diese in eine geeignete Lage zu bewegen und so zu Greifen, siehe Abb. 2.9b.

In [Natale et al., 2004] wurden Größe und Gewicht von unbekannten Objekten mit einer humanoiden Mehrfingerhand erfasst und die Objekte danach klassifiziert. Als Daten wurden hierbei die Gelenkwinkel der Roboterfinger sowie die Druckwerte von FSR-Sensoren an Fingern- und Handfläche verwendet. Zur Klassifizierung wurden diese Messwerte einem neuronalen Netz vom SOM (Abk. engl. *Self Organizing Map*)-Typ zugeführt. Die Messung selbst erfolgte während des vorprogrammierten Schließens der Hand um das Objekt und einer Wiegebewegung der Hand.

In ähnlicher Weise verfahren Johnsson und Balkenius ([Johnsson und Balkenius, 2006], [Johnsson und Balkenius, 2007a]). Auch hier wird ein SOM-Netzwerk mit propriozeptiven Informationen während des

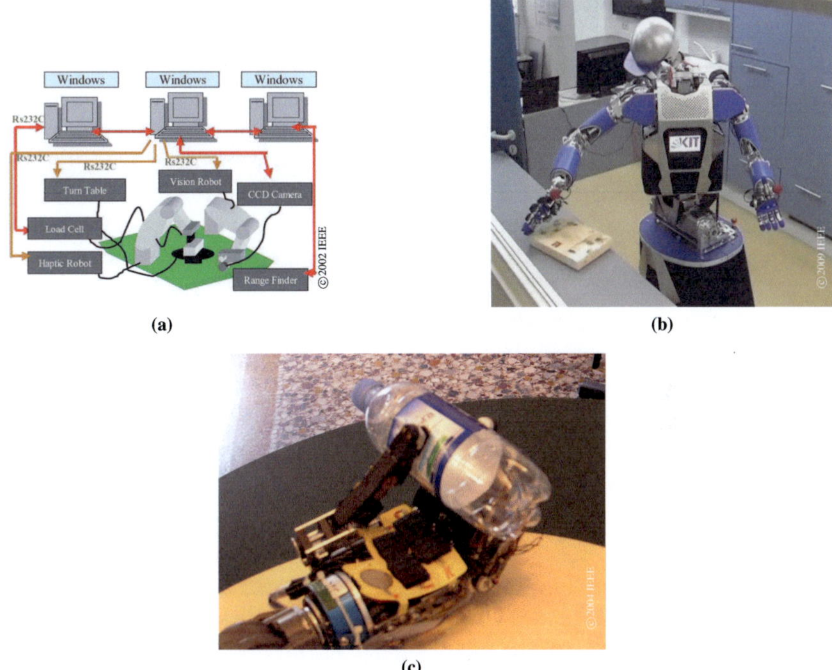

Abb. 2.9: Haptische Exploration globaler Objekteigenschaften: Systemaufbau zur *Haptic Vision* [Tanaka und Kushihama, 2002] (a), Lernen von Beweglichkeit [Omrcen et al., 2009] (b), Größe und Gewicht [Natale et al., 2004] (c).

Umschließens eines Gegenstandes mit einer Dreifinger-Roboterhand trainiert, um so Objekte anhand ihrer globalen Form und Größe zu klassifizieren. Die Forscher sind in ihrer Arbeit nach eigenen Angaben vom Aufbau des menschlichen somatosensorischen Cortex inspiriert. In [Johnsson und Balkenius, 2007b] wird die Leistungsfähigkeit verschiedener neuronaler Netzstrukturen zur Klassifizierung der globalen Gestalt aus den haptischen Daten untersucht. Dabei wurden kugel-, zylinder- und quaderförmige Objekte separiert. Eine weitere Arbeit mit ähnlichen Ergebnissen, bei der jedoch eine humanoide Roboterhand verwendete wurde, findet sich in [Takamuku et al., 2008].

2.3.2 Exploration lokaler Objektmerkmale

Ansätze zur Exploration lokaler Merkmale basieren in allen Fällen auf einer Objektrepräsentation, in der räumliche Kontaktpunkte oder Kontaktnormalen verarbeitet werden. Die Daten liegen in Form einer *Punktmenge* vor. Man spricht von einer *orientierten Punktmenge*, wenn neben den Kontaktpunkten die zugehörigen Normalenvektoren der Oberfläche enthalten sind. Häufig sind die Repräsentationen beschränkt, so dass z. B. nur die Darstellung von Polyedern oder konvexen Körpern unterstützt wird. Ein solches Objektmodell ist zunächst unabhängig vom Sensortyp mit dem es erzeugt wird. Deshalb haben sich für die zugehörigen Datenverarbeitungsmethoden viele Synergien mit Forschungsbereichen ergeben, die ebenfalls 3-D-Punktmengen erzeugen, wie z. B. Bereiche des Maschinensehens. Ein bedeutender Unterschied zu den kamerabasiert gewonnenen Repräsentationen ist jedoch die zugrundeliegende Datendichte, da haptische Methoden stets nur dünne Kontaktpunktmengen liefern. Dies führt zu Einschränkungen in den anwendbaren Datenverarbeitungsmethoden.

Neben der Repräsentation selbst liegt ein weiterer Schwerpunkt auf dem Aspekt der Bewegungsplanung für die tastende Roboterhand. Das Ziel der lokalen Exploration besteht entweder darin, ein Modell für ein zuvor unbekanntes Objekt zu erzeugen oder ein vorliegendes Objekt mit einer Reihe bekannter Objekte zu vergleichen bzw. das Objekt daraus zu identifizieren. Aufgrund des unterschiedlichen Hintergrundwissens lassen sich für diese beiden Anwendungsfälle grundsätzlich unterschiedliche Strategien anwenden.

Besonders für die Anwendung der Objekterkennung oder -klassifikation ist ein lageunabhängiges Objektmodell erwünscht. Bei vielen Objektrepräsentationen ist daher eine explizite Lageschätzung erforderlich, um ein Modell mit kanonischer Basis zu bestimmen.

Die existierenden Forschungsarbeiten zur haptischen Exploration mit Robotern lassen sich in folgende Teilgebiete einordnen:

Explorationsstrategien

In [Grimson und Lozano-Perez, 1983] wird eine Methode zur modellbasierten Objekterkennung und Lageschätzung für dünne orientierte Punktmengen vorgestellt, wie sie durch haptische Exploration gewonnen werden. Vorausgesetzt werden hierbei polyedrische Objekte. Zur Anwendung kommen Pruning-Suchverfahren, die einen Interpretationsbaum auswerten, der auf lokalen relativen Entfernungs- und

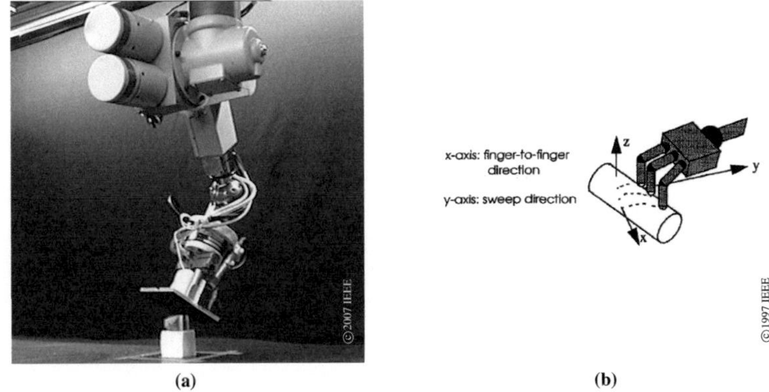

Abb. 2.10: Haptische Exploration lokaler Objekteigenschaften: Erzeugung eines haptischen Aspektgraphen [Schopfer et al., 2007] (a), haptisches Konturfolgen [Charlebois et al., 1997] (b).

Winkelbeziehungen innerhalb der Polyederdarstellung basiert. Roberts erstellt in [Roberts, 1990] den Interpretationsbaum *online* während der Exploration. So lässt sich aus dem Interpretationsbaum direkt die jeweils nächste Explorationsbewegung ableiten, bei der eine Fläche des Polyedermodells taktil auf Vorhandensein geprüft wird und so alle Hypothesen, welches der bekannten Objekte vorliegt, geprüft werden.

Die letztgenannten Methoden sind verwandt mit dem Verfahren des *Geometric Hashing* [Wolfson und Rigoutsos, 1997], das vielfach im Bereich des Maschinensehens angewendet wird, um Objekte auf Basis von 3-D-Punktmengen zu vergleichen. Für unbekannte Objekte wurde in [Boissonnat und Yvinec, 1989] eine Strategie beschrieben, mit der die jeweils zu explorierenden Regionen ausgewählt werden. Diese können als Zielkoordinaten für eine Bewegungsplanung dienen. Die beschriebene Methode konstruiert ein polyedrisches Modell des explorierten Objekts durch eine möglichst geringe Anzahl von einzelnen taktilen Messungen, während der Kontaktpunkte und -normalen gemessen werden. Die Methode ist sowohl für Polyeder ohne kollineare Kantenverläufe, als auch für eine gewisse Klasse nicht-konvexer Polyeder geeignet und wird lediglich theoretisch beschrieben.

In [Schaeffer und Okamura, 2003] wurden SLAM (Abk. engl. *Simultaneous Localization And Mapping*)-basierte Bewegungsstrategien zur taktilen Objekterkennung mit einem einzelnen Roboterfinger vorgestellt. Mit dem probabilistischen Ansatz wird dynamisch eine Wahrscheinlichkeitskarte für die Position des Roboterfingers auf allen möglichen Objekten erzeugt. Das Verfahren wurde nur in der Simulation ohne Berücksichtigung von Sensor- und Modellunsicherheiten sowie Bewegungsplanungsaspekten evaluiert.

Caselli hat in [Caselli et al., 1994] eine duales Objektmodell für konvexe Polyeder vorgestellt. Ein Teil dieses Modells besteht aus den Kontaktpunkten, die beim Umschließen des Objektes mit einer Mehrfinger-Roboterhand erzeugt werden und wird als *einhüllendes polyedrisches Modell* (engl. *Enveloping Polyhedral Model*, Abk. EPM) bezeichnet. Gleichzeitig wird ein *approximierendes polyedrisches Modell*, (engl. *Approximating Polyhedral Model*, Abk. APM) genanntes Modell erzeugt, das für Teile der Hand ohne Kontakt die Objektmaße schätzt und modelliert. Das Verfahren zur Akquisition der Kontaktpunkte durch wiederholtes Greifen und die hierbei erforderlichen Randbedingungen werden in der Arbeit nicht näher erläutert. Ebenso handelt es sich nicht um einen Ansatz zur Erfassung unbekannter Objekte, sondern um eine Methode zur Objekterkennung, der bereits ein 3-D-Objektmodell zugrunde liegt. Für die Objekterkennung wird durch Abtasten des dualen Modells ein Merkmalsvektor erzeugt, der auch als Objektrepräsentation dient. Damit ist die Erkennung jedoch nur begrenzt translationsunabhängig und ungeeignet für beliebig orientierte Objekte. Später wird das Konzept ergänzt um Explorationsstrategien für unbekannte konvexe Objekte mit einem Einzelfinger [Caselli et al., 1996], es werden hierfür jedoch nur Simulationsergebnisse vorgestellt. Die Erweiterung zur lageunabhängigen Objekterkennung durch Transformation des Modells in eine kanonische Darstellung findet sich in [Beccari et al., 1997].

In [Allen und Roberts, 1989] wurden verschiedene Haushaltsobjekte mit Hilfe der MIT/UTAH Roboterhand [Jacobsen et al., 1986] abgetastet und aus den gewonnenen Daten ein 3-D-Modell rekonstruiert. Die Roboterhand war an einem Industriemanipulator montiert und physikalische Objektpunkte wurden durch Umschließen an vorgegebenen Positionen im Raum aus der Stellung der Fingergelenke und Messung der Aktorkräfte ermittelt, so dass keine Explorationsstrategie im eigentlichen Sinne verwendet wurde. Aus der gewonnenen Punktmenge, die typischerweise bis zu 100 Punkte umfasste, wurde ein durch fünf Form- und sechs Lageparameter charakterisiertes Superquadrikmodell geschätzt. Diese Darstellung ist nur für konvexe Körper geeignet. Über Vergleich der Parameter konnte eine Objekt- und Lageerkennung erfolgreich durchgeführt werden.

Aspekt-Graphen

Bei der als *Haptischer Aspekt-Graph*, oder einfach H-Aspekt-Graph, bezeichneten
Objektdarstellung [Kinoshita et al., 1992] wird ein optischer taktiler Sensor zur
Generierung haptischer 2-D-Ansichten polyedrischer Objekte eingesetzt. Der H-
Aspekt-Graph stellt den Zusammenhang zwischen Sensorlage und Ansicht her
und kann mit Suchverfahren zur Objekterkennung verwendet werden. Hierzu
wurden jedoch keine Ergebnisse vorgestellt. Die Variante dieses Konzepts mit
einem echten taktilen Sensor wird in [Schopfer et al., 2007] zur Erstellung einer
taktilen Datenbank eingesetzt. Dazu wird, unter rollendem Kontakt, zwischen
dem mit einem taktilen Sensor ausgestatteten Roboterfinger und dem fixiertem
Objekt das Objektmodell erzeugt, siehe Abb. 2.10a. Die gewonnene Repräsentation
ist dem zuvor beschriebenen H-Aspekt-Graph vergleichbar. Die Datenbank soll
zum vergleichenden Test taktiler Sensoren und zur Objekterkennung eingesetzt
werden. Als Sensor kommt ein taktiler Mehrfeld-Sensor der Firma *Weiss Robotics*,
wie in Abschn. 2.2.3 beschrieben, zum Einsatz. Als wichtige Randbedingung des
Konzepts muss das Objekt kleiner als die Sensorfläche sein. Gute experimentelle
Ergebnisse zur Objekterkennung wurden vorgestellt.

Konturverfolgung

Verschiedene Arbeiten beschreiben Umsetzungen von lokalen Konturverfolgungs-
EPs. Grundsätzlich ist bei diesem EP-Typ eine hybride Regelung des Roboters
erforderlich. Dabei wird in Richtung der Kontaktnormalen die Kontaktkraft auf
einem geringen konstanten Wert geregelt, während in der Tangentialebene des
Kontaktes eine Geschwindigkeitstrajektorie geregelt wird. Die grundlegenden
physikalischen Zusammenhänge für den Kontakt zwischen starren Körpern, wie er
bei der haptischen Exploration und bei Greifvorgängen entsteht, wurden bereits
in [Montana, 1988] aufgezeigt. Hier wurden Ansätze für erste Anwendungen, wie
das Konturfolgen mit einfacher Manipulatorgeometrie entwickelt.

In [Bay, 1989] wurde eine einfache Mehrfinger-Bewegungsstrategie vorgeschlagen,
bei der ein lokaler Bereich der Objektoberfläche durch kreisende Bewegungen
der Roboterfinger abgetastet und als quadratische Funktion geschätzt wird. Die
Evaluierung erfolgte in der Simulation.
In [Charlebois et al., 1997] wurden B-Spline-Funktionen zur lokalen Repräsentation glatter Oberflächen vorgestellt. Ein Konturverfolgungs-EP erzeugt die Kontaktpunkte und -normalen zur Schätzung der Funktionsparameter in der Simulation. Bei der experimentellen Evaluierung wurde jedoch kein kontinuierlicher

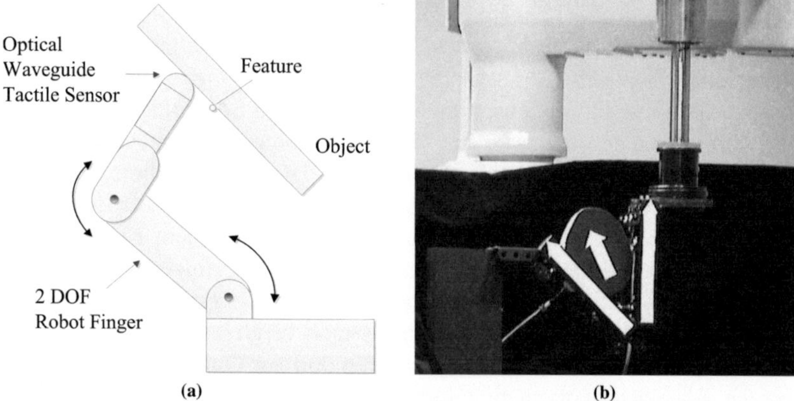

Abb. 2.11: Haptische   Exploration   lokaler   Objekteigenschaften: Versuchsaufbau   zur   Exploration   von   Unebenheiten   nach [Okamura und Cutkosky, 2001]   (a),   haptische   Exploration   eines planaren Objektes [Moll, 2002] (b).

Konturverfolgungs-EP sondern ein diskretes taktiles Kontaktprüfungsschema mit einer Dreifinger-Roboterhand verwendet, siehe Abb. 2.10b. Ähnliche Ergebnisse jedoch unter Verwendung einer Darboux-Dreibein-Darstellung der lokalen Oberfläche wurden in [Jia et al., 2006] gezeigt.

Experimentelle Ergebnisse für einen taktilen Kantenfolgealgorithmus wurden in [Chen et al., 1995] vorgestellt. In der Arbeit wurde ein taktiler Mehrfeldsensor an einem Roboterfinger mit einem Manipulatorarm eingesetzt. Mit dem Sensor wurde die Kontaktnormale und die Richtung der Kante in der Kontaktebene in Echtzeit geschätzt und daraus Vorgaben für die Geschwindigkeitsregelung des Roboterfingers berechnet. Es wurden Kantenabschnitte verschiedener Objekte exploriert und die Verläufe extrahiert, eine Methode zur Objekterkennung anhand der Kantenverläufe wurde jedoch nicht beschrieben.

Geschickte Exploration

Weitere Arbeiten beschäftigen sich mit der Exploration von bereits gegriffenen Objekten in der Hand. Okamura untersuchte in [Okamura et al., 1997,

Okamura und Cutkosky, 1999, Okamura und Cutkosky, 2001] Methoden zur Identifikation von lokalen Unebenheiten auf Objektoberflächen durch haptische Exploration des in der Hand liegenden Objektes in Simulation und realen Experimenten. Der Schwerpunkt der Arbeiten liegt auf der geschickten Manipulation und Bewegungsplanung mit einer Mehrfingerhand, die für die Beherrschung von Roll- und Gleitbewegungen des Objektes erforderlich waren, Abb. 2.11a. Mit dem Verfahren sollen Abweichungen der Objektoberfläche gegenüber einem bekannten Modell als besondere Objektmerkmale identifiziert und lokalisiert werden. Eine explizite Objektmodellierung findet dabei nicht statt.

Eine verwandte Arbeit zur Exploration von Objekten mit glatter, konvexer Oberfläche in der Hand wurde in [Bicchi et al., 1999] vorgestellt. Bei dem Verfahren wird eine Rollbewegung des Objektes ohne Gleiten vorausgesetzt. Ergebnisse zur experimentellen Modellierung der Objektoberfläche wurden gezeigt. Eine sehr ähnliche Arbeit wird für planare Objekte in [Moll, 2002] vorgestellt, Abb. 2.11b.

Passive Exploration

Erdmann untersuchte Methoden zur Objektmodellierung aus passiven Kontakten [Erdmann, 1998]. Bei der passiven Exploration bewegt sich das Objekt zwischen den mit taktiler Sensorik versehenen Greiferfingern. Um in Kontakt mit dem Objekt zu bleiben, müssen sich die Greiferfinger mechanisch nachgiebig verhalten. Im Grunde handelt es sich bei dem Ansatz um die Inversion der zuvor beschriebenen Konzepte zur Exploration von gegriffenen Objekten unter rollendem Kontakt. Ergebnisse wurden in dieser Arbeit nur für planare Objekte gezeigt.

Ein interessante Abwandlung dieses passiven Explorationsverfahrens findet sich in [Slaets et al., 2007]. Hier wird zunächst das Objekt mit einer Roboterhand gegriffen, anschließend werden Kontaktabläufe mit teilweise bekannten feststehenden Hindernissen erzeugt, während der Manipulator nachgiebig kraftgeregelt wird. Kraftregelung und Kontakterkennung erfolgen mittels eines 6-D-Kraftmomentensors am Manipulatorarm. Die Vorgabe der Bewegungstrajektorie erfolgt jedoch manuell, da das Verfahren keinen Bewegungsplaner beinhaltet. Mit dem Verfahren können sowohl der gegriffene Gegenstand als auch die Hindernisse als Polyeder-Repräsentation modelliert werden. Ergebnisse werden für die Modellierung eines würfelförmigen Objekts gezeigt.

Visuo-haptische Exploration

Als letzte relevante Forschungsrichtung sei an dieser Stelle die visuo-haptische Exploration genannt. Dabei werden Daten aus visueller und haptischer Exploration in einem gemeinsamen Objektmodell fusioniert. Eine frühe umfassende Arbeit wurde in [Allen, 1988] vorgestellt. Das hier verwendete, manuell erstellte hierarchische Objektmodell enthält unterschiedliche Objektdetails, wie lokale analytische Oberflächenbeschreibung sowie Position von Löchern und Vertiefungen als Merkmale. Mithilfe eines Stereo-Kamerasystems werden 3-D-Konturdaten geschätzt und modelliert. Aus dieser Darstellung werden Regionen für die taktile Exploration mit einem einzelnen Roboterfinger ausgewählt. Die Details der Objektrepräsentation werden durch den taktilen Explorationsschritt ermittelt. Ergebnisse zur Erkennung von verschiedenen Haushaltsgegenständen wurden vorgestellt.

In [Boshra und Zhang, 1994] wurden für polyedrische Objekte zunächst mit einem Kamerasensor visuelle Kantenkonstellationen als Bildmerkmale extrahiert. Anschließend wurden einzelne Flächen und Kanten durch Kontakt mit einem taktilen Sensor verifiziert. Durch Abgleich mit einer Modelldatenbank wurden Objekte erkannt und deren Lage bestimmt.

In [Konoshita et al., 1998] wird ein visuo-haptischer Aspekt-Graph eines Objektes erstellt. Dabei werden zunächst aus den Flächenmittelpunkte einer geodätischen Kuppel heraus Kamerabilder des Objektes aufgenommen, welches sich im Kuppelzentrum befindet. Anschließend wird das Objekt aus den gleichen Positionen mit einem Mehrfeldsensor an einem Roboterfinger angefahren bis ein Kontakt hergestellt ist. Das taktile Bild des Mehrfeldsensors und das Kamerabild werden in der Objektrepräsentation für die Perspektiven des Aspekt-Graphs hinterlegt. Der Ansatz wurde mit einem Beispiel zur Objekterkennung in der Simulation evaluiert.

Schließlich wurde in [Umeda et al., 1999] eine Methode zur haptischen Verifikation und Lagebestimmung von Kanten, Ebenen sowie Zylindern aus visuellen Daten vorgestellt. Bei dieser Methode muss der jeweilige Objekttyp und die Kontaktsituation vorgegeben werden, was die Anwendbarkeit des Verfahrens stark einschränkt.

2.4   Greifen von unbekannten Objekten

Für das Greifen von unbekannten Objekten durch Roboter ist zunächst ein Explorationsprozess erforderlich, der implizit oder explizit Modellwissen über das

Objekt erzeugt. Erfolgt die Exploration visuell wird in der Regel ein explizites Objektmodell erzeugt auf das klassische Greifplanungsverfahren angewendet werden können, um anschließend einen derart geplanten Griff auszuführen.

Einige Arbeiten beschäftigen sich jedoch mit einem taktil geregelten Greifvorgang für unbekannte Objekte, den man als *exploratives Greifen* bezeichnen kann. Im Unterschied zu den in Abschn. 2.3 beschriebenen Verfahren wird hierbei kein explizites Objektmodell erzeugt, sondern die taktile Information implizit zur Steuerung der Roboterfinger verwendet.

Zunächst ist an dieser Stelle die Arbeit von Coelho und Grupen [Coelho und Grupen, 1997] zu nennen, die einen robusten Griffregler für Mehrfingersysteme vorstellt. Ausgehend von einer beliebigen Kontaktsituation mit einem ebenen konvexen Körper werden durch ein System von Reglern Kontaktpunkte, -kräfte und -normalen während der Griffausführung geregelt, bis ein stabiler Griff gefunden wird. Dieses Verfahren wurde in weiteren Arbeiten von Platt und Grupen verbessert und mit verschiedenen Roboterhänden demonstriert [Platt et al., 2002, Platt, 2006]. Eine Erweiterung für nicht-konvexe Geometrien findet sich in [Wang et al., 2007].

Verschiedene Ansätze verwenden Bewegungsprimitive und setzen Lernverfahren zum Erlernen der zeitlichen Abfolge der Primitive oder zur Parameteroptimierung der Primitive ein, mit dem Ziel einen erfolgreichen Griff für ein unbekanntes Objekt zu finden. Ein grundlegendes Experiment dieser Art findet sich in [Natale und Torres-Jara, 2006]. Hier verwendet der Roboter Bewegungsprimitive für den Arm, um mit einer nachgiebigen Mehrfingerhand ein unbekanntes Objekt zu greifen. Sobald die taktilen Sensoren der Hand einen Kontakt feststellen, wird nach einem auf den gleichen Primitiven basierenden Bewegungsschema versucht das Objekt zu greifen. Zur Auswahl der Bewegungsprimitive wurde eine Verhaltenssteuerung eingesetzt. Hsiao schlägt in [Hsiao et al., 2007] die Modellierung des Greifprozesses durch POMDPs (Abk. engl. *Partial Observable Markov Decision Process*) vor. Dabei erfolgt die Steuerung eines Zwei-Finger-Greifers kontaktbasiert durch diskrete Bewegungsprimitive nach einer zuvor trainierten Strategie. Der Ansatz wird jedoch nur in der Simulation evaluiert. In ähnlicher Weise werden in [Platt, 2007] Kontaktpunkt-relative Bewegungen der humanoiden Robonauthand durch ein MDP (Abk. engl. *Markov Decision Process*)-Modell gesteuert.

2.5   Zusammenfassung

Die Fähigkeit zur haptischen Exploration verschafft dem Menschen die Möglichkeit auch unter großer Unsicherheit, beispielsweise bei schlechter oder nicht vorhandener Sicht, mit den Händen Objekte zu erkennen, zu greifen oder zu manipulieren. Diese Fähigkeit geht einher mit einer hohen Fingerfertigkeit, die durch ein komplexes propriozeptives und taktiles Sensornetzwerk ermöglicht wird. Auf gleiche Weise ist es wünschenswert haptische Explorationsfähigkeiten für ein humanoides Robotersystem vorzusehen. Dadurch können wie beim Menschen Sensorungenauigkeiten der unterschiedlichen Modalitäten sinnvoll ergänzt und ersetzt werden.

Auf Seite des Menschen ist eine umfassende Klärung grundlegender neurologischer Mechanismen erst in jüngerer Zeit gelungen. Dies betrifft vor allem die Typisierung, Verteilung und Anbindung der Mechanorezeptoren als Bestandteile der menschlichen haptischen Sensorik. Ebenso haben sich nach Untersuchungen mit modernen bildgebenden Verfahren innerhalb des letzten Jahrzehnts Hinweise gefunden, die auf eine gemeinsame Objektrepräsentation auf Grundlage visueller und haptischer Informationen im menschlichen Gehirn deuten. Die Verarbeitungsprozesse, welche auf höherer kognitiver Ebene Explorationsvorgänge steuern und Informationen zusammenführen sind jedoch völlig ungeklärt. Bei der Übertragung menschlicher Explorationsverfahren auf ein Robotersystem ist dieser unvollständige Kenntnisstand zu berücksichtigen.

Für die Rückkopplung der Information sind haptische Sensoren erforderlich. Während propriozeptive Sensoren zur Bestimmung von Kräften, Momenten und Position an Achsen und Gelenken bereits Stand der Technik sind, lässt sich dies für Sensoren zur taktilen Wahrnehmung nicht feststellen. Die Anforderungen an ein taktiles Sensorsystem, das Robotern menschliche Manipulationfähigkeiten ermöglichen würde, bestehen schon seit wenigstens 30 Jahren und sind dennoch bisher nicht technisch umgesetzt worden. Es existiert eine Vielzahl vielversprechender Ansätze auf Grundlage anspruchsvoller moderner Fertigungstechnologien, die miteinander konkurrieren. Für kleine und einfache Oberflächengeometrien sind taktile Sensoren verfügbar. Zu beachten ist jedoch der Empfindlichkeitsbereich und die Signalqualität, die eine Bestimmung der Kontaktkraft oftmals nicht zulassen. Kaum gelöst ist die Frage der kompakten Integration der Signal(vor)verarbeitung und der Verbindungstechnik einzelner Sensorelemente, um eine der menschlichen Haut ähnlich hohe Sensordichte zu erreichen.

Die Ansätze der haptischen Exploration mit Robotern unterteilen sich in globale und lokale Methoden. Während globale Verfahren der Klassifizierung dienen, werden lokale Methoden zur Objekterkennung und zur Vorbereitung des Greifens eingesetzt. Dabei werden im Wesentlichen die aus dem Maschinensehen bekannten Aspekt-Graphen oder 3-D-Oberflächennetze für die resultierende Objektrepräsentation gewählt. Die Ausführung der Explorationsstrategien bleibt entweder theoretisch oder erfolgt ohne Bewegungsplanung, um die Kollisionsfreiheit gegenüber bereits bekannten Szenenelementen zu ermöglichen und Annäherungsrichtungen festzulegen. Ebenso gibt es keine experimentellen Ergebnisse für Mehrfinger-Explorationsverfahren und nur ungenügende Simulationsergebnisse.

Mit diesem Hintergrund werden in den folgenden Kapiteln methodische Bestandteile vorgestellt, welche die umfassende haptische Exploration unbekannter Objekte durch eine humanoide Roboterhand ermöglichen. Die Exploration soll die Erstellung eines Objektmodells zum Ziel haben, auf dessen Grundlage Objekte klassifiziert und gegriffen werden können. Dafür wird zunächst eine Explorationssteuerung für die humanoide Roboterhand geschaffen. Anschließend wird die Bildung von Griffhypothesen auf Basis des Objektmodells untersucht. Als weitere Anwendung wird die Objektmodellierung aus haptischen Daten für Vergleich und Klassifizierung von Objekten betrachtet.

Kapitel 3

Entwicklung einer Explorationssteuerung

Das Verfahren der haptischen Exploration bildet den Kopf der Prozesskette dieser Arbeit, siehe Abb. 1.2. Zur Entwicklung einer Explorationsmethode werden in diesem Kapitel die Methoden und Komponenten der Explorationssteuerung vorgestellt. Im folgenden Abschnitt wird die Auswahl einer potenzialfeldbasierten Explorationsstrategie zur Bewegung der Roboterfinger erläutert. In Abschn. 3.2 wird eine Übersicht über die Komponenten der Explorationssteuerung für die Roboterhand entworfen und ihr systemische Zusammenwirken vorgestellt. In Abschn. 3.3 wird die kinematische Struktur der eingesetzten anthropomorphen Roboterhand beschrieben und darauf folgend in Abschn. 3.4 das Verfahren der virtuellen modellbasierten Regelung zur Lösung der inversen Kinematik der Roboterfinger motiviert und vertieft. Schließlich werden in Abschn. 3.5 die Teilverfahren der Explorationssteuerung detailliert vorgestellt.

3.1 Wahl der haptischen Explorationsstrategie

Während bei der Bewegungsplanung eine Trajektorie zu einem Zielpunkt bestimmt wird, ist bei der räumlichen Exploration kein solcher Zielpunkt vorgegeben. In der Regel ist sogar der Raum, in dem die Bewegung stattfinden soll, ganz oder teilweise unbekannt.

In [Beckhaus, 2002] wird die räumliche Exploration deshalb als zielgerichtete Bewegung zum Entdecken oder Erlernen einer Umgebung bezeichnet. Der Explorationsvorgang ist somit ein aus Teilbewegungen zusammengesetzter dynamischer

Prozess, der aus einer kognitiven Komponente zur Identifikation von möglichen Zielpunkten und einer Bewegungsplanungskomponente besteht. Dabei wird zwischen ungerichteter und gerichteter Exploration unterschieden [Thrun, 1992]. Bei der ungerichteten Exploration erfolgt die Auswahl einer Teilbewegung zufällig. Diese Methode ist wenig effizient, da das Wissen über die bereits erlernte Umgebung unberücksichtigt bleibt. Ein gerichtetes Explorationsverfahren hingegen wählt eine Teilbewegung, so dass die Gesamtzeit zur Erkundung einer unbekannten Umgebung minimiert wird. Da im Voraus nicht bekannt ist, welche Teilbewegung das Wissen über eine unbekannte Umgebung am besten ergänzt, basieren gerichtete Explorationsverfahren stets auf Heuristiken.

Wie in Abschn. 1.1 beschrieben, soll in dieser Arbeit durch haptische Exploration eine 3-D-Punktmenge aus den Kontaktpunkten zwischen den taktilen Sensoren der Hand und dem Objekt erzeugt werden. Folglich muss eine lokale Explorationsstrategie eingesetzt werden. Für die haptische Explorationsstrategie mit einer humanoiden Roboterhand ergeben sich folgende besondere Anforderungen:

1. **Eignung für unbekannte Objekte:** Die Auswahl der Teilbewegung soll zu einem möglichst hohen Informationszugewinn für das Objektmodell führen.

2. **Zeit-/Wegkostenoptimierung:** Bei der Auswahl der Teilbewegung sollen die Kosten der erforderlichen Bewegung berücksichtigt und minimiert werden.

3. **Eignung für Mehrfingerhand:** Wie bei der haptischen Exploration durch den Menschen, soll der haptische Kontakt in mehreren Zielregionen mit Fingerspitzen und Handfläche hergestellt werden.

4. **Berücksichtigung kinematischer Randbedingungen:** Für möglichst viele Finger sowie für die Handfläche sollen zeitgleich verschiedene Zielregionen ausgewählt werden, die mit der Roboterhand kinematisch erreichbar sind.

Die in Abschn. 2.3.2 vorgestellten bisher entwickelten lokalen Explorationsstrategien sind nur teilweise für die Exploration unbekannter Objekte geeignet und bieten keine Ansätze zur Anpassung für eine Mehrfingerhand, siehe Tab. 3.1. Sämtliche Ansätze wurden lediglich in der Simulation mit einem abstrakten, punktförmigen Roboterfinger evaluiert. Daher werden auch Ergebnisse für die Kostenoptimierung lediglich für einen solchen Roboterfinger angegeben. Die kinematischen Randbedingungen eines realen Robotersystems werden bei der Auswahl von Teilbewegungen nicht berücksichtigt.

Ansatz	Bekannte Objekte	Unbekannte Objekte	Zeit-/Weg-optimierung	Mehrfinger-hand	Kinematische Randbedingungen
Kontaktsondierung nicht-konvexer Polyeder [Boissonnat und Yvinec, 1989]	o	++	+	o	--
Online-Interpretationsbaum [Roberts, 1990]	++	--	+	o	--
EPM/APM Restfehlerminimierung [Caselli et al., 1996]	++	++	o	o	--
Haptisches SLAM [Schaeffer und Okamura, 2003]	++	--	++	o	--
Dynamische Potenzialfelder [Bierbaum et al., 2008c]	o	++	+	++	++

Tab. 3.1: Vergleich und Bewertung der Ansätze für die lokale haptische Exploration.

Bei einem anderen Explorationsproblem, der Erkundung von unbekannten Umgebungen durch mobile Roboter, wird häufig eine potenzialfeldbasierte Explorationsstrategie eingesetzt, siehe z. B. [Thrun, 1992], [Beckhaus et al., 2001]. Der Roboter selbst wird hierbei als Punkt in einer unbekannten Umgebung betrachtet. Die unbekannte Umgebung setzt sich aus Hindernissen und Freiraum, beispielsweise in Form von Durchgängen und Wänden, zusammen, die der Roboter wahrnehmen kann. Dieses Explorationsverfahren verwendet die Potenzialfeldmethode zur Bewegungsplanung nach [Khatib, 1986], die in Anhang A kurz dargestellt ist.

Bei dem Explorationsverfahren wird die Szene als stationär unveränderlich angenommen. Der zu erkundende Raum ist in der Regel zweidimensional und wird in Zellen zerlegt. Die Zellengröße richtet sich dabei nach der erwarteten Größe der Freiraum- und Hindernissegmente und kann auch variabel gestaltet werden. Eine ausführliche Beschreibung und Details zur Verfeinerung der Methode finden sich in [Prestes e Silva et al., 2002].

Jeder Zelle c wird nun ein Potenzial $\Phi(c)$ entsprechend ihres Explorationszustandes $S(c)$ bzw. ihrer Belegtheit zugeordnet:

$$
\begin{array}{lcl}
S(c) & & \Phi(c) \\
\text{Unbekannt (nicht exploriert)} & \rightarrow & \Phi(c) < 0 \\
\text{Leer (freier Raum)} & \rightarrow & \Phi(c) = 0 \\
\text{Belegt (Hindernis)} & \rightarrow & \Phi(c) > 0
\end{array}
$$

Der Feldgradient an der jeweiligen Roboterposition wird aus der Zuordnung der Zellbelegung berechnet und damit die Geschwindigkeitstrajekorie für den Roboter generiert. Wenn der Roboter entlang seiner Trajektorie den Belegtheitszustand eines unbekannten Bereiches mittels Sensorik erfassen kann, werden die zugehörigen Zellen entsprechend neu zugeordnet. Dadurch verändert sich die Potenzialfeldkonfiguration dynamisch im Verlauf der Exploration. Durch Anwendung harmonischer Potenzialfunktionen kann ein Potenzialfeld ohne lokale Minima erzeugt werden. Solange nicht-explorierte Zellen vorliegen, erzeugt das Verfahren somit Teilbewegungen, die einen Informationszugewinn erzielen.

Die Potenzialfeldmethode kann im dreidimensionalen Raum angewendet werden und lässt sich auf mehrere Effektorpunkte erweitern, in denen die Potenzialkräfte auf den Roboter wirken. Diese Effektorpunkte werden im Folgenden nach [Khatib, 1986] als RCPs (Abk. engl. *Robot Control Point*) bezeichnet. Für die haptische Exploration mit einer humanoiden Roboterhand bietet es sich an, die RCPs in den mit taktilen Sensoren bestückten Fingerspitzen und in der Handfläche anzuordnen. Bedingt durch die kinematische Struktur der Roboterhand kann die Anwendung von Potenzialfeldern auf die RCPs jedoch zu strukturellen Minima führen, in denen die Bewegung aufgrund eines Kräftegleichgewichts im Potenzialfeld stagniert. Solche strukturellen Minima müssen daher beobachtet und aufgelöst werden können.

Im Unterschied zu allen anderen lokalen Explorationsverfahren kann ein potenzialfeldbasierter Ansatz unmittelbar Bewegungstrajektorien für eine Mehrfingerhand generieren. Bei diesem Ansatz wird die Auswahl der Teilbewegung und die zugehörige Bewegungsplanung vereint. Während der Bewegung auftretende strukturelle Minima lassen sich durch geeignete Verfahren auflösen, wodurch der Konfigurationsraum als kinematische Randbedingung berücksichtigt wird. Da die Potenzialfeldmethode ein lokales Bewegungsplanungsverfahren darstellt, wird auch stets die aktuelle kinematische Konfiguration des Roboters berücksichtigt. Eine Einschätzung der Bewertung dieser Methode findet sich in der letzten Zeile von Tab. 3.1. Aufgrund seiner exklusiven Eigenschaften erscheint der potenzialfeldbasierte Ansatz für die haptische Exploration mit einer humanoiden Roboterhand als sehr gut geeignet. Daher wird die Potenzialfeldmethode im Folgenden als Basisverfahren für die Entwicklung einer haptischen Explorationsmethode eingesetzt.

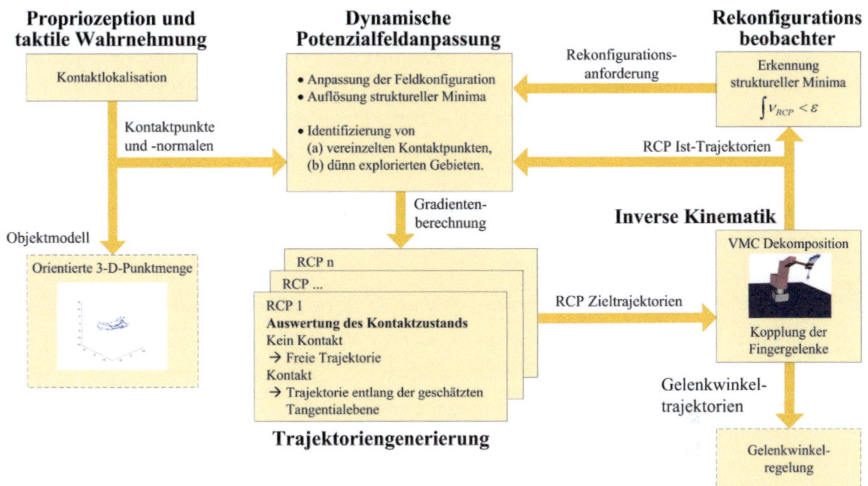

Abb. 3.1: Übersicht der potenzialfeldgesteuerten haptischen Exploration.

3.2 Übersicht der Komponenten für die Explorationssteuerung

Die Funktionseinheiten und der Informationsfluss der im Rahmen dieser Arbeit entwickelten potenzialfeldbasierten Explorationssteuerung sind in Abb. 3.1 dargestellt und sollen zunächst grob skizziert werden. Die Funktionseinheiten erfüllen im Einzelnen folgende Aufgaben:

1. **Propriozeption und taktile Wahrnehmung:** Aus der kinematischen Konfiguration der Hand und der Kontaktinformation der taktilen Sensorik werden Kontaktpunkte im globalen kartesischen Koordinatensystem bestimmt. Die Kontaktnormaleninformation steht bei aktuellen taktilen Sensorsystemen in der Regel nicht direkt zur Verfügung. Daher werden die Kontaktnormalen bei Verwendung von planaren taktilen Sensoren als deren Orientierung im Raum geschätzt. Mit der Kontaktinformation wird die orientierte 3-D-Punktmenge des Objektmodells erstellt und das Potenzialfeld angepasst.

2. **Dynamische Potenzialfeldanpassung:** Das Potenzialfeld wird abhängig von den Kontaktinformationen und entsprechend den Regeln der potenzialfeldbasierten Exploration angepasst. Dies wird im Detail in Abschn. 3.5.2

beschrieben. Eine sog. *Rekonfiguration* ist eine besondere Feldanpassung, bei der temporär alle anziehenden Potenzialquellen $\Phi(c) < 0$ invertiert werden und das Feld somit unmittelbar abstoßend auf alle Effektoren wirkt. Dieser Vorgang wird durch einen Rekonfigurationsbeobachter zur Auflösung struktureller Minima eingeleitet.

3. **Trajektoriengenerierung:** Auf Basis des Potenzialfeldes werden die Feldgradienten als Ziel-Geschwindigkeitstrajektorien für die RCPs an den Fingern und den TCP (Abk. engl. *Tool Center Point*) berechnet. Besteht ein taktiler Kontakt an einem RCP, so wird dessen Ziel-Geschwindigkeitstrajektorie auf die Richtungskomponente reduziert, welche tangential zur Kontaktnormalen verläuft. Dadurch wird das Entlanggleiten des RCPs entlang der Objektoberfläche ermöglicht. Diese Teilverfahren werden in Abschn. 3.5.3 und Abschn. 3.5.4 beschrieben.

4. **Rekonfigurationsbeobachter:** Diese Komponente der Explorationssteuerung beobachtet den Geschwindigkeitsverlauf der RCPs und hat die Aufgabe, Stagnationen der Hand- und Fingerbewegung zu erkennen, die durch strukturelle Minima bedingt sind. In diesem Falle wird eine temporäre Rekonfiguration des Potentialfeldes eingeleitet, wie zuvor beschrieben. Der Rekonfigurationsbeobachter wird in Abschn. 3.5.7 beschrieben.

5. **Inverse Kinematik:** Durch Berechnung der inversen Kinematik werden aus den Ziel-Geschwindigkeitstrajektorien der RCPs Gelenkwinkeltrajektorien generiert. Für die Berechnung wird das Verfahren der virtuellen modellbasierten Regelung VMC (Abk. engl. *Virtual Model Control*) eingesetzt, welches im Detail in Abschn. 3.4 beschrieben wird. Mit diesem Verfahren lassen sich die Gelenkwinkeltrajektorien der Finger als Mehrfach-Effektoren auf einfache Weise spezifizieren.

3.3 Kinematik der FRH-4-Roboterhand

Die *FRH-4-Hand* [Gaiser et al., 2008], die in dieser Arbeit verwendet wird, ist eine Fünf-Finger-Hand mit elf Freiheitsgraden. Sie kombiniert das Erscheinungsbild einer anthropomorphen Hand mit der Präzision eines Robotergreifers. Die Hand wird pneumatisch mit flexiblen Fluidaktoren [Schulz et al., 1999] angetrieben und ermöglicht durch die natürliche Nachgiebigkeit des Mediums die sichere Interaktion mit dem Menschen. Die FRH-Handserie [Schulz et al., 2001], zu der auch die

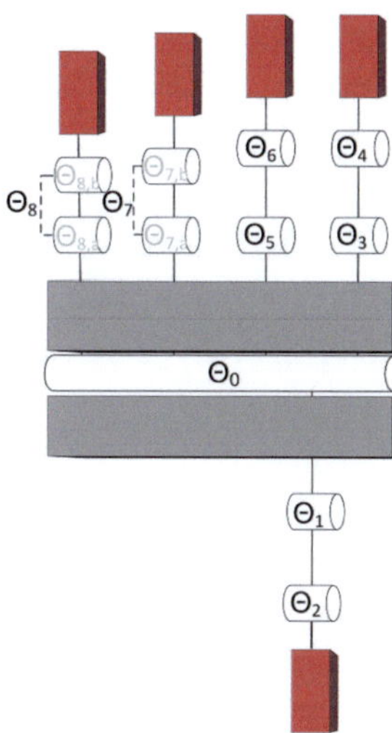

Abb. 3.2: Schematische Darstellung der Handkinematik.

FRH-4-Hand gehört, wurde zum Einsatz für die Prothetik am Forschungszentrum Karlsruhe entwickelt. Durch die kompakte Bauweise verfügt die FRH-4-Hand über eine einfache schraubbare mechanische Schnittstelle zur Anbindung an einen Roboterarm. Darüber hinaus sind eine Druckluftzuführung sowie eine elektrische Verbindung für Versorgung und Kommunikation erforderlich. Die FRH-4-Hand wurde als Manipulatorwerkzeug für einen Roboter angepasst und wird am humanoiden Roboter ARMAR-III eingesetzt, der im Rahmen des SFB 588 entwickelt wurde [Asfour et al., 2006]. Weitere technische Details der Hand finden sich in Anhang B.

Die Kinematik der Hand setzt sich aus elf Gelenken zusammen. Jeder der fünf Finger besitzt zwei Gelenke. Hinzu kommt ein Gelenk in der Handfläche. Eine schematische Darstellung der kinematischen Gelenkanordnung ist in Abb. 3.2 zu sehen. Die Gelenke des Ringfingers $\Theta_{7,a},\Theta_{7,b}$, und des kleinen Fingers $\Theta_{8,a},\Theta_{8,b}$, wurden als Freiheitsgrade Θ_7 bzw. Θ_8 pneumatisch gekoppelt, um die Anzahl der erforderlichen Ventile und Drucksensoren zu verkleinern.

Von besonderem Interesse ist die direkte Kinematik zur Bestimmung der Lage der Fingerspitzen an den Punkten x_m, die mit taktilen Sensoren versehen sind und die für die taktile Exploration eine wichtige Rolle spielen. Die Roboterhand lässt sich als kinematisches System mit Baumstruktur beschreiben, dessen Zweige als einzelne kinematischen Ketten betrachtet werden. Die Effektorpunkte bzw. . RCPs dieser Kinematik werden in die Schwerpunkte der Sensorflächen gelegt, welche die Fingerspitzen miteinschließen.

Durch Verkettung der homogenen Transformationen der Gelenkachsen lässt sich die Lage der Effektorpunkte x_m des jeweiligen Zweiges der kinematischen Kette relativ zu einem Referenzpunkt x_0 bestimmen zu

$$x_m = f(\Theta)x_0 = \prod_{k=1}^{N} {}_{k}^{k-1}T_m(\Theta)x_0 \quad . \tag{3.1}$$

Dabei ist N die Anzahl der Bewegungsfreiheitsgrade der jeweiligen kinematischen Kette.

Beim Problem der indirekten oder inversen Kinematik, auch IK-Problem, sind hingegen die gewünschten Positionen eines oder mehrerer Effektorpunkte vorgegeben und die erforderlichen Gelenkwinkel Θ werden gesucht. Mathematisch lässt sich das IK-Problem als Invertierung des Zusammenhangs in Gl. 3.1 darstellen

$$\theta = f^{-1}(x_m) \quad . \tag{3.2}$$

Zur Berechnung der inversen Kinematik existiert kein allgemeines Verfahren, das sich auf alle Robotermechanismen übertragen ließe. Eine umfangreiche Darstellung solcher Verfahren findet sich beispielsweise in [Siciliano et al., 2008]. Aufgrund der allgemeinen Anwendbarkeit und der Flexibilität hinsichtlich geometrischer und struktureller Veränderungen wurde für die Berechnung der indirekten Kinematik der FRH-4-Hand ein numerisches Verfahren gewählt. Dieses wird im Rahmen der virtuellen modellbasierten Regelung im folgenden Abschnitt näher ausgeführt.

3.4 Inverse Kinematik mit virtueller modellbasierter Regelung

Die Berechung der inversen Kinematik ist erforderlich, um die Sollvorgaben für die Antriebe eines Robotersystems im Gelenkwinkelraum zu bestimmen, die typischerweise Drehmoment über rotatorische Gelenkachsen einleiten. Pratt hat in [Pratt et al., 1996] die Methode der virtuellen modellbasierten Regelung VMC vorgestellt, die eine Beschreibung und Regelung von Effektortrajektorien im kartesischen Basiskoordinatensystem ermöglicht. Dazu werden virtuelle Aktoren beispielsweise als Federn, Dämpfer oder Kraft- oder Geschwindigkeitsfelder modelliert und an gewünschten Wirkungspunkten in die kinematische Struktur des

Robotermechanismus eingefügt. In einer dynamischen Simulation des so erweiterten Robotermodells wird der zeitliche Verlauf der sich einstellenden Kräfte und Geschwindigkeiten aller beteiligten Komponenten unter Berücksichtigung der kinematischen Randbedingungen bestimmt, wodurch sich ebenfalls der erforderliche Verlauf der Gelenkwinkeltrajektorien ergibt. Speziell durch die Anwendung von Kraft- und Geschwindigkeitsfeldern auf Wirkungspunkte, die beispielsweise mit den Endeffektorpunkten übereinstimmen, lassen sich so entsprechende Kraft- bzw. Geschwindigkeitstrajektorien für diese Punkte realisieren. Durch geschickte Wahl der Wirkungspunkte für die virtuellen Aktoren wird die Spezifizierbarkeit von Effektortrajektorien damit deutlich vereinfacht. Das Verfahren wurde erfolgreich auf diversen Systemen umgesetzt. So wurde VMC mit Erfolg für die Lokomotion von Laufmaschinen eingesetzt, bei der Gelenkwinkelvorgaben für Knöchel-, Knie- und Hüftgelenke auf Basis einer gewünschten Torsotrajektorie ermittelt werden sollen [Pratt et al., 1996], [Pratt et al., 1997].

Das Verfahren bietet sich für die Anwendung der potenzialfeldbasierten taktilen Exploration mit einer mehrfingrigen Roboterhand an, da die Sollvorgaben zur Positionssteuerung der Fingerspitzen als Richtungsvektoren im kartesischen Basiskoordinatensystem vorliegen. Die Richtungsvektoren können mit Geschwindigkeitsfeldern an den Fingerspitzen als Wirkungspunkte spezifiziert werden. Durch eine dynamische Simulation des Robotersystems werden die Gelenkwinkeltrajektorien unter der Wirkung äußerer Kräfte und Momente auf die Systemkörper ermittelt. Die dynamische Simulation wird durch Lösung der Systemdynamik berechnet, vgl. [Witkin und Baraff, 2001].

3.4.1   Rahmenwerk zur virtuellen modellbasierten Regelung

Um den VMC-Ansatz zur Regelung der Roboterhand evaluieren zu können, ist ein Werkzeug erforderlich, welches eine Schnittstelle zur Modellierung des Robotersystems sowie die Möglichkeit der Dynamiksimulation anbietet. Um Resultat und Verlauf der Simulation überprüfen zu können, soll eine Visualisierung des Simulationszeitstandes verfügbar sein. Die Modellierung des Roboters erfolgt idealerweise als 3-D-Modell aus CAD-Daten, welches sich einfach grafisch darstellen lassen. Als Standardprogrammbibliothek zur Visualisierung und 3-D Modellierung hat sich hierbei die 3-D-Grafikbibliothek *Open Inventor* etabliert [SGI, 2011].

Programmbibliotheken zur Dynamiksimulation sind Stand der Technik und in Implementierungen mit unterschiedlichen Leistungsschwerpunkten verfügbar ([Smith, 2008], [Bullet, 2011]). Hier muss grundsätzlich zwischen Rechenaufwand und Genauigkeit des Simulationsergebnisses abgewogen werden. Dabei ist anzumerken, dass der Leistungsumfang dieser Bibliotheken im Allgemeinen über den einer reinen Dynamiksimulation hinausgeht, vielmehr ist in diesem Zusammenhang von Physiksimulatoren zu sprechen. Neben der Starrkörperdynamik finden auch weitere physikalische Gesetze der realen Welt, wie Reibung und Schwerkraft Berücksichtigung. Viele jüngere Physiksimulatoren erfassen auch die Physik deformierbarer Körper [Bullet, 2011]. Es existieren einerseits Simulatoren für den Unterhaltungsbereich, deren Rechenaufwand die Physiksimulation in Realzeit ermöglicht und andererseits zum Teil kostenintensive Werkzeuge, die präzise Offline-Simulationen von komplexen physikalischen Szenen ermöglichen. Eine umfangreiche vergleichende Evaluierung frei verfügbarer Physiksimulatoren findet sich in [Boeing und Bräunl, 2007].

Zur Verwendung von VMC sollte die Dynamiksimulation des Robotersystems näherungsweise in Realzeit durchgeführt werden können. Unter den vielen existierenden Physiksimulatoren wurde daher die Programmbibliothek ODE (Abk. engl. *Open Dynamics Engine*) ausgewählt, siehe [Smith, 2008]. Das Verhältnis zwischen numerischer Genauigkeit und Rechenzeit ist mit diesem System durch Parameter in weiten Bereichen beeinflussbar. Des Weiteren ist die Bibliothek in weiten Teilen gut dokumentiert und lässt sich dadurch einfach integrieren.

Die Programmbibliothek IPSA (Abk. engl. *Inventor Physics Simulation API*) ist eine Erweiterung des *Open Inventor Toolkits* [SGI, 2011] um einen Physiksimulator auf Basis von ODE. Die Programmbibliothek wurde ursprünglich 2004 an der Technischen Universität Braunschweig entwickelt, jedoch nicht weiterverfolgt. Diese initiale Version von IPSA wurde zum Einsatz als zuverlässiges und robustes Entwicklungswerkzeug überarbeitet [Bierbaum et al., 2008a]. Abb. 3.3 zeigt die Systemstruktur und den Zusammenhang der im IPSA-Rahmenwerk verwendeten Bibliotheken. Die IPSA-Klassenerweiterungen verbinden ODE und Open Inventor und erlauben so die Spezifizierung der physikalischen Simulationsszene in objektorientierter Weise. Open Inventor wird für die Visualisierung verwendet und greift seinerseits auf die OpenGL-API des Betriebssystems zurück. ODE wird für die physikalische Modellierung der Objekte verwendet. Das Konzept des hierarchischen Szenengraphs erlaubt durch die Verwendung lokaler Bezugssysteme die transparente Spezifikation komplexer kinematischer Ketten. Solch eine kinematische Kette ist durch eine Menge von Körpern und den Gelenken, welche diese verbinden, komplett beschrieben. In IPSA wurde das aus Open Inventor stammende Dateiformat zum Import und Export von Szenengraphen erweitert. Darüber hinaus wurde eine alleinstehende Anwendung entwickelt, die eine TCP/IP-Schnittstelle zur Verfü-

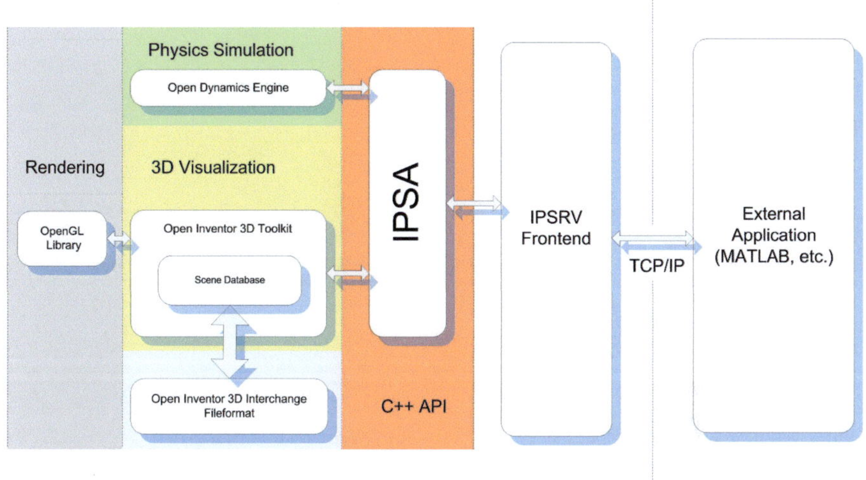

Abb. 3.3: Überblick der Systemstruktur von IPSA [Bierbaum et al., 2008a].

gung stellt, über welche sich mit einer externen Applikation, wie beispielsweise Matlab/Simulink, die Physiksimulation analysieren und steuern lässt.

Um einen mit VMC geregelten Mechanismus simulieren zu können, muss für IPSA zunächst ein 3-D-Modell mit kinematischer Beschreibung der Gelenkwinkel erstellt werden. Zur Realisierung virtueller Aktoren können zusätzliche Gelenke mit Dämpfung spezifiziert werden. Außerdem können Kraft- und Geschwindigkeitsfelder für beliebige Effektorpunkte des Systems vorgegeben werden. Dadurch lässt sich beispielsweise eine marionettenartige Bewegungssteuerung solcher kinematischer Ketten erzeugen.

Neben der bequemen Möglichkeit, das VMC-Verfahren für beliebige kinematische Strukturen anpassen und einsetzen zu können, bietet das Rahmenwerk mit IPSA weitere wichtige Komponenten zur robusten Steuerung von Robotersystemen. So kann durch Modellierung von einhüllenden Schutzgeometrien um Teilkörper des Systems auf einfache Weise ein Mechanismus zum Schutz vor Selbstkollision realisiert werden. Der Kollisionsdetektor des Physiksimulators betrachtet in diesem Fall die erweiterten Geometrien als Begrenzungen der Teilkörper. Da die Durchdringung der Starrkörper nicht zugelassen ist, werden die tatsächlich kleineren Körper durch den Physiksimulator somit auf Distanz gehalten. Diese Sicherheitsdistanz lässt sich durch Gestaltung der einhüllenden Geometrie festlegen.

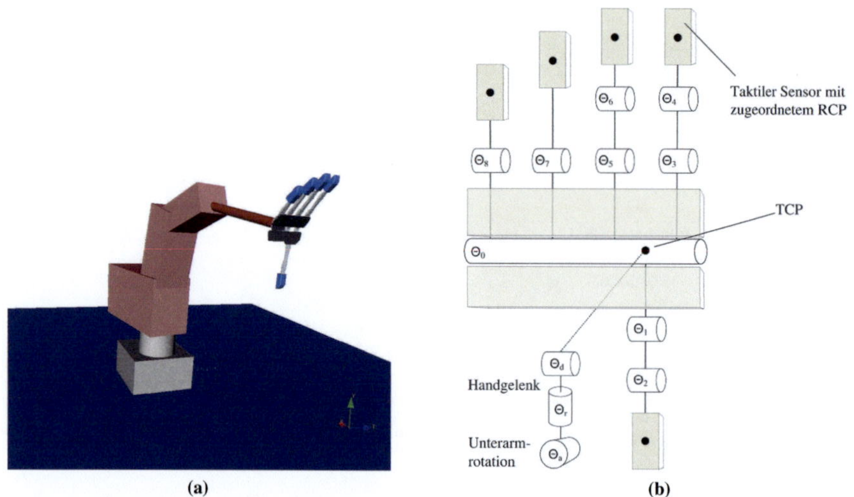

Abb. 3.4: Visualisierung des physikalischen Modells des Manipulators mit Roboterhand (a). Kinematisches Modell der Roboterhand mit Gelenkachsen, Kontaktsensorflächen (grau) und den RCPs (schwarze Punkte) (b).

3.4.2 Virtuelle modellbasierte Regelung des Hand-Armsystems

Die Spezifikation der Effektortrajektorien soll im Basiskoordinatensystem des Roboters erfolgen. Für den VMC-Ansatz ist deshalb eine vollständige Beschreibung des 3-D-Modells und der Gelenkkinematik erforderlich. Um eine experimentell überprüfbare Simulation der Regelung zu ermöglichen, wurde das Modell der Roboterhand in einem ersten Ansatz um das Modell eines Roboterarms erweitert. Der Roboterarm entspricht in Grundzügen dem von Mitsubishi entwickelten fünfachsigen Industriemanipulator RM-501.

In Abb. 3.4a ist eine Visualisierung des Robotermodells dargestellt. Das Modell des Arms wurde um einen sechsten Freiheitsgrad direkt vor dem TCP erweitert, welcher die dorsale palmare Bewegung der Hand erlaubt. Für Implementierung und Anpassung des VMC-Verfahrens fand die in Abschn. 3.4.1 vorgestellte Simulationsumgebung IPSA Verwendung. Die Steuerung und Überwachung der Simulation wurde über die TCP/IP-Schnittstelle durch Matlab realisiert. Das verwendete Handmodell wurde gemäß der FRH-4-Hand modelliert, siehe Abschn. 3.3.

Eingabe für die Regelung sind die Geschwindigkeitstrajektorien für die fünf Effektorpunkte an den Fingerspitzen der Hand, sowie für den TCP. Diese werden im kartesischen Basiskoordinatensystem vorgegeben. Die Vorgaben sind teilweise redundant, da je eine Fingerspitze mit dem TCP zu einer gemeinsamen kinematischen Kette gehört. Die Redundanzauflösung erfolgt durch die Physiksimulation unter Berücksichtigung der dynamischen Eigenschaften der Körper in den kinematischen Ketten sowie der extern wirkenden Kräfte. Die vorgegebenen Geschwindigkeitstrajektorien werden als Geschwindigkeitsfelder durch virtuelle Aktoren auf die fünf Effektorpunkte an den Fingerspitzen der Hand sowie auf den TCP angewandt. Der Physiksimulator berechnet an den Effektorpunkten die resultierenden Trajektorien der übrigen Körper und Gelenke des Systems, unter Berücksichtigung der einwirkenden Kräfte und Kollisionen.

Als Ausgabe der Regelung stehen die Geschwindigkeitstrajektorien aller Gelenke des Robotersystems im Gelenkwinkelraum zur Verfügung, die als Vorgabe für den realen Roboter verwendet werden können. Das Robotersystem lässt sich auf diese Weise wie eine Marionette, mit den Geschwindigkeitsvektoren in den Effektorpunkten als virtuelle Fäden, steuern. So lässt sich das inverse kinematische Problem für die Mehrfach-Effektoren der Hand mittels einer Dynamiksimulation auf numerischem Wege lösen.

Abb. 3.4b zeigt das kinematische Modell der Hand sowie die Lage der einzelnen Effektorpunkte in den zugeordneten Sensorflächen. Die Freiheitsgrade θ_d, θ_r und θ_a gehören zum Handgelenk bzw. Arm und dienen der Ausrichtung der Handorientierung. Diese sind folgendermaßen zugeordnet:

θ_d: dorsale und palmare Bewegung des Handgelenks.

θ_r: radiale und ulnare Bewegung des Handgelenks.

θ_a: axiale Rotation des Unterarms.

3.5   Potenzialfeldbasierte Explorationssteuerung für eine humanoide Roboterhand

Im Folgenden werden die Bestandteile des in Abschn. 3.2 skizzierten Systems beschrieben, das im Rahmen dieser Arbeit entwickelt wurde [Rambow, 2008].

In Abschn. 3.5.1 wird die Initialisierung des Potenzialfelds als Ausgangssituation für den Explorationsvorgang beschrieben. Die dynamische Zuordnung von Poten-

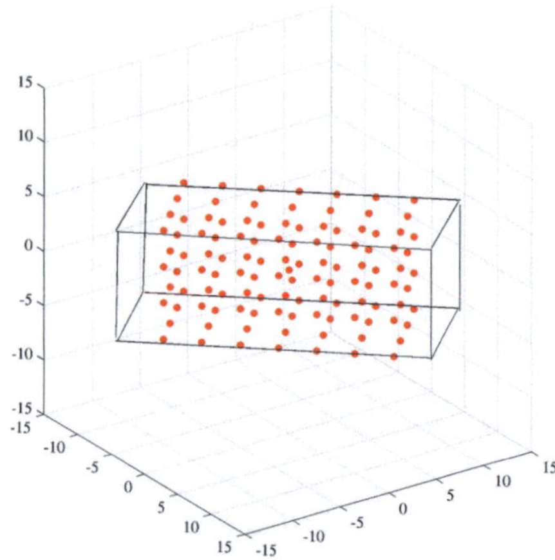

Abb. 3.5: Initiale Schätzung der Objektabmessungen (schwarzer Quader) und initiale attraktive Potenzialquellen, dargestellt als rote Punkte.

zialquellen und der Aufbau des Objektmodells finden sich in Abschn. 3.5.2. Die Generierung und Zerlegung der Geschwindigkeitsvektoren für die RCPs werden in Abschn. 3.5.3 und Abschn. 3.5.4 beschrieben. In Abschn. 3.5.5 wird die aktive Steuerung der Handorientierung vorgestellt. In Abschn. 3.5.6 wird die Kopplung der Finger beschrieben, durch welche unnatürliche Handkonfigurationen vermieden werden. Als letzte Teilkomponente werden in Abschn. 3.5.7 die Regeln zum Erkennen und Auflösen von strukturellen Minima erläutert.

3.5.1   Initialisierung des Potenzialfeldes

Ausgangssituation für eine Exploration sind initiale Schätzungen von Position, Orientierung und Begrenzung eines einhüllenden Volumens des Explorationsobjektes. Zur Vereinfachung wird hierfür ein einhüllender Quader angenommen, im Folgenden BB (Abk. engl. *Bounding Box*) genannt. Für die Simulation des Verfahrens werden Position, Orientierung und Ausmaße der BB vorgegeben. Für die autonome Durchführung im realen Anwendungsfall müssen diese Informationen über ein Stereokamerasystem geschätzt werden.

Ausgehend von der initialen Schätzung wird eine Menge attraktiver Potenzialquellen $P_a = \{\vec{p}_i\}$ angelegt. Dabei bezeichnet $\vec{p}_i = (x, y, z)^T$ die Positionen der Quellen. Die einzelnen attraktiven Potenzialquellen werden äquidistant in dem geschätzten BB-Volumen verteilt. Das von P_a belegte Gebiet wird als *Explorationsraum* bezeichnet. Weiterhin wird eine Menge abstoßender Potenziale $P_r = \{\vec{p}_i\}$ als die leere Menge $\emptyset$ initialisiert.

Die Feldbeschreibung erfolgt unmittelbar durch die Mengen der Potenzialquellen P_a und P_r. Die Quellenstärke wird dabei als konstant und identisch für beide Quellentypen angenommen. Dies ermöglicht eine Feldbeschreibung mit variabler und gleichzeitig kontinuierlicher räumlicher Auflösung. Da der Rechenaufwand mit der Anzahl der Potenzialquellen steigt, kann ein Zusammenfassen einander nahestehender Potenzialquellen durchgeführt werden, um die Menge der Quellen zu begrenzen. Dies wird im folgenden Abschnitt beschrieben. In Abb. 3.5 ist beispielhaft die Schätzung einer BB mit der darin verteilten Menge attraktiver Potenzialquellen dargestellt. Der Abstand s zwischen den Potenzialquellen ist ein geeignet zu wählender Parameter des Verfahrens.

3.5.2 Dynamisches Potenzialfeld und Generierung des Objektmodells

Die Mengen der abstoßenden und anziehenden Potenzialquellen P_a und P_r werden während des Explorationsvorgangs in Abhängigkeit der Kontaktinformationen der taktilen Sensoren an den Fingern und der Handfläche adaptiert. Sobald einer der Sensoren einen Kontakt mit dem Explorationsobjekt innerhalb des Explorationsraums an der Position $\vec{p}_c$ feststellt, wird $\vec{p}_c$ zur Menge P_r der abstoßenden Potenzialquellen hinzugefügt. In ähnlicher Weise wird eine anziehende Potenzialquelle $\vec{p}_i \in P_a$ gelöscht, sobald die euklidische Distanz $d = \|\vec{p}_i - \vec{p}_f\|$ zwischen $\vec{p}_i$ und der Position $\vec{p}_f$ eines beliebigen Sensorelements unter einen Schwellenwert d_{min} fällt. Dabei wird d_{min} so gewählt, dass die Kugel mit Radius d_{min} in etwa den Abmessungen des Sensorelements entspricht. Das Löschen eines Elementes aus P_a impliziert somit, dass dessen unmittelbare Umgebung exploriert wurde. Durch die dynamische Anpassung der Potenzialquellen erhält man also in P_r gleichzeitig eine Repräsentation des Explorationsobjektes in Form einer 3-D-Punktmenge. Die Gebiete, welche noch nicht ausreichend erkundet wurden, bleiben in P_a erhalten.

Die während der Exploration erzeugte Objektrepräsentation wird in einem Datensatz gespeichert, der neben den Kontaktpunkten aus P_r auch die Kontaktnormalen enthält. Die Kontaktnormalen werden bei Feststellung eines Kontaktes durch ein

Schätzverfahren ermittelt das in Abschn. 3.5.4 näher beschrieben wird. Durch die Speicherung von Kontaktpunkten und -normalen stellt der Datensatz eine orientierte 3-D-Punktmenge dar.

Zur Verbesserung des Verfahrens im Sinne einer kürzeren Explorationsdauer werden weitere Kriterien eingeführt, die das Hinzufügen und Löschen von Potenzialquellen beeinflussen. Da eine möglichst dichte und gleichmäßige Verteilung der Punktmenge gewünscht ist, sollen in diesem Sinne schlecht explorierte Regionen identifiziert werden. Dazu wird in regelmäßigen Intervallen ein Triangulationsalgorithmus auf Basis des in [Amenta et al., 2001] entwickelten *Power Crust*-Verfahrens auf die Punktmenge aus P_r angewandt. In den seltensten Fällen produziert der Algorithmus eine genaue Triangulation der lokalen Objektoberfläche, jedoch wird die Eigenschaft ausgenutzt, dass in Gebieten mit wenigen Kontaktpunkten großflächige Polygone entstehen. Die ermittelten N_{pc} Dreiecksflächen werden der Größe nach sortiert. Im Folgenden werden nur noch die $n < N_{pc}$ größten Flächen mit den Positionen ihrer Schwerpunkte $\vec{p}_{pc,i}, i \in [1\ldots n]$ betrachtet. An den Schwerpunkten $\vec{p}_{pc,i}$ wird nun jeweils eine neue attraktive Potenzialquelle eingefügt. Dies bewirkt, dass spärlich explorierte Gebiete bevorzugt untersucht werden und der Detailliertheitsgrad der explorierten Objektoberfläche steigt.

Wird mit einem Sensor ein Kontakt festgestellt, in dessen unmittelbarer Nachbarschaft sich keine weiteren Kontaktpunkte befinden, so ist es wünschenswert, dass der diesem Sensor zugeordnete RCP nicht unmittelbar von der durch den Kontakt erzeugten abstoßenden Potenzialquelle zurückgedrängt wird, sondern im Gegenteil die Region um diesen vereinzelten Kontaktpunkt näher untersucht wird. Dies wird erreicht, indem für jeden vereinzelten Kontaktpunkt weitere attraktive Potenzialquellen erzeugt werden, welche in würfelförmiger Anordnung um den Kontaktpunkt verteilt werden. Der zugeordnete RCP erkundet nun die Nachbarschaft des Kontaktes, anstatt sich direkt zu einer entfernten, nicht explorierten Region zu bewegen.

Zur Reduzierung der Datenmenge wird nach jedem Berechnungsschritt die Menge P_r der abstoßenden Potenziale ausgedünnt. Für jedes Element $\vec{p}_i \in P_r$ wird zu diesem Zweck gegen alle anderen $\vec{p}_j \in P_r$ mit $i \neq j$ geprüft, ob der euklidische Abstand $d = \left\| \vec{p}_i - \vec{p}_j \right\|$ kleiner als ein vorgegebener Schwellenwert d_{min} ist. Falls $d < d_{min}$, so wird $\vec{p}_j$ aus der Menge P_r der abstoßenden Kontakte gelöscht. Auf diese Weise bleibt die Punktdichte in P_r stets unterhalb eines festen Wertes.

Aus den zwei Mengen P_a und P_r der Potenzialquellen lässt sich das Gesamtpotenzial für einen beliebigen Raumpunkt $\mathbf{x}$ angeben als

$$\Phi(\vec{p}) = \Phi_a(\mathbf{x}) + \Phi_r(\mathbf{x}) \tag{3.3}$$

mit dem anziehenden Potenzial

$$\Phi_a(\mathbf{x}) = \sum_{i=1}^{|P_a|} c_a \Psi_{a,i}(\mathbf{x}) \tag{3.4}$$

und dem abstoßenden Potenzial

$$\Phi_r(\mathbf{x}) = \sum_{i=1}^{|P_r|} c_r \Psi_{r,i}(\mathbf{x}) \quad . \tag{3.5}$$

Um die Feldstärke zu begrenzen, wird lediglich die Verteilung der Potenzialquellen geändert, wobei die Gesamtenergie des Feldes konstant gehalten wird. Die Energie wird durch c_a und c_r bestimmt, welche als

$$c_a = \frac{C_a}{|P_a|} \text{ und } c_r = \frac{-C_r}{|P_r|}$$

berechnet werden. Dabei wird der Wert für C_a vorgegeben. Um ein festes Gleichgewicht zwischen anziehenden und abstoßenden Potenzialquellen zu bewahren, wird C_r durch

$$C_r = k_P \cdot C_a, \ 0 < k_P < 1$$

mit einem konstanten Faktor k_P ermittelt.

In Abb. 3.6 ist beispielhaft das Ergebnis der Exploration eines Telefonhörers nach 2500 Zeitschritten abgebildet. Man kann deutlich die Form des Objektes, repräsentiert durch die Kontaktpunkte, erkennen. Auch ist zu sehen, dass die Menge der attraktiven Potenzialquellen zu diesem Zeitpunkt bereits deutlich reduziert ist.

3.5.3 Generierung der Geschwindigkeitsvektoren

Für die Berechnung der Potenzialkraft an den RCP-Koordinaten gemäß den Gleichungen Gl. 3.3 bis Gl. 3.5 müssen zunächst die Potenzialfunktionen Ψ vorgegeben werden.

Wie in [Connolly et al., 1990] vorgeschlagen, werden hierfür harmonische Funktionen verwendet, um das Gesamtfeld frei von lokalen Minima zu halten. Da die einzelnen RCPs in einer kinematischen Kette miteinander verbunden sind, können strukturelle lokale Minima damit zwar nicht vermieden werden, jedoch wird deren Anzahl deutlich verringert. Für die Potenzialfunktionen $\Psi_{a,i}(\mathbf{x})$ und $\Psi_{r,j}(\mathbf{x})$ werden daher die harmonischen Funktionen

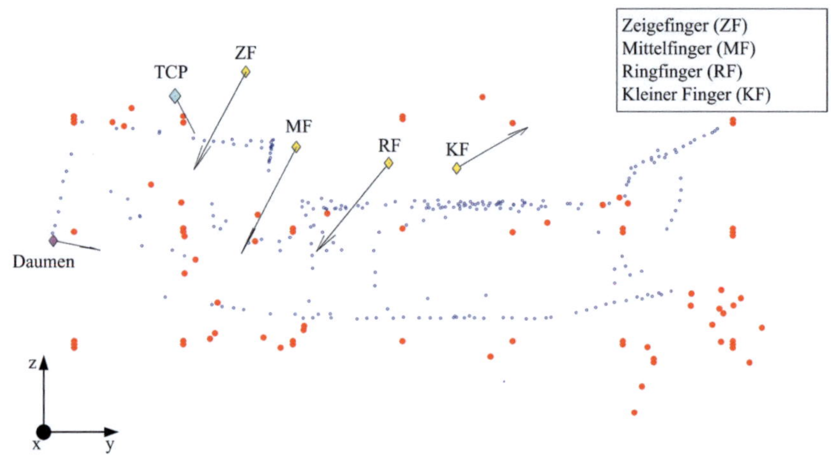

Abb. 3.6: Exploration des Telefonhörers: Attraktive (rot) und abstoßende (blau) Potenzialquellen, Positionen der RCPs (gelb) und des TCP (cyan) sowie die zugehörigen Geschwindigkeitsvektoren

$$\Psi_{a,i}(\mathbf{x}) = \log(\|\mathbf{x} - \mathbf{x}_i\|), \mathbf{x}_i \in P_a \tag{3.6}$$

$$\Psi_{r,j}(\mathbf{x}) = \log(\|\mathbf{x} - \mathbf{x}_j\|), \mathbf{x}_j \in P_r \tag{3.7}$$

gewählt. Mit Gl. 3.3 lässt sich nun der Gradient für einen RCP im Punkt $\mathbf{x}$ berechnen,

$$\nabla\Phi(\mathbf{x}) = \sum_{i=1}^{|P_a|} c_a \frac{\mathbf{x} - \mathbf{x}_i}{\|\mathbf{x} - \mathbf{x}_i\|^2} + \sum_{i=1}^{|P_r|} c_r \frac{\mathbf{x} - \mathbf{x}_i}{\|\mathbf{x} - \mathbf{x}_i\|^2} \quad . \tag{3.8}$$

Mit Gl. A.3 ergibt sich daraus die lokale Geschwindigkeitstrajektorie $\vec{v}_i$ des i-ten RCP zu

$$\vec{v}_i = -k_{v,i} \frac{\nabla\Phi(\mathbf{x})}{|\nabla\Phi(\mathbf{x})|} \quad . \tag{3.9}$$

Dabei werden die $k_{v,i}$ als geeignete Skalierungsfaktoren für die RCP-Geschwindigkeitsvektoren gewählt.

Die Bewegung eines RCPs ist durch den Konfigurationsraum des zugehörigen Fingers bzw. seiner Gelenke beschränkt. Der Geschwindigkeitsvektor $\vec{v}_i$ wird daher in zwei Anteile zerlegt: eine Komponente $\vec{v}_i^{cs}$, die in der Ebene E liegt, welche

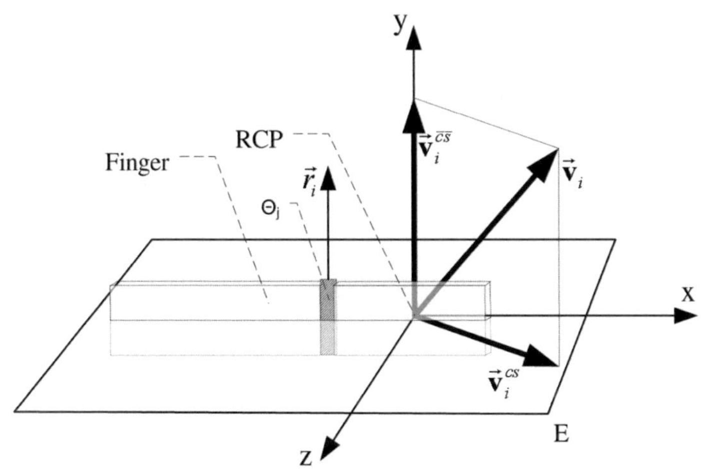

Abb. 3.7: Zerlegung des RCP-Geschwindigkeitsvektors.

die Projektion des Konfigurationsraumes in den karthesischen Raum beinhaltet und eine dazu senkrecht liegende Komponente $\vec{v}_i^{cs}$. Die Zerlegung des Geschwindigkeitsvektors ist in Abb. 3.7 dargestellt. Sei R_i die aktuelle Rotationsmatrix des i-ten RCPs und sei oBdA der erste Spaltenvektor $\vec{r}_i^1$ aus R_i der Normalenvektor der Ebene E, dann entspricht $\vec{v}_i^{cs}$ der orthogonalen Projektion von $\vec{v}_i$ auf die durch $\vec{r}_i^1$ und den RCP definierte Ebene E. Es gilt also:

$$\vec{v}_i^{cs} = \vec{v}_i - (\vec{v}_i \cdot \vec{r}_i^1) \cdot \vec{r}_i^1 \tag{3.10}$$

und dementsprechend

$$\vec{v}_i^{\overline{cs}} = \vec{v}_i - \vec{v}_i^{cs} \quad . \tag{3.11}$$

Auf den jeweiligen RCP wird im Folgenden lediglich noch der Geschwindigkeitsvektor $\vec{v}_i^{cs}$ angewandt. Darüber hinaus werden die einzelnen Komponenten noch anteilig benutzt, um die Geschwindigkeit $\vec{v}_{tcp}$ des TCPs zu steuern:

$$\vec{v}_{tcp} = [V_{cs}|V_{\overline{cs}}]\vec{k}_c \tag{3.12}$$

mit

$$V_{cs} = \left[\vec{v}_1^{cs} \cdots \vec{v}_{|RCP|}^{cs}\right], \, V_{\overline{cs}} = \left[\vec{v}_1^{\overline{cs}} \cdots \vec{v}_{|RCP|}^{\overline{cs}}\right]$$

und

$$\vec{k}_c = \left[\vec{k}_{cs}^T | \vec{k}_{\overline{cs}}^T\right]^T \quad .$$

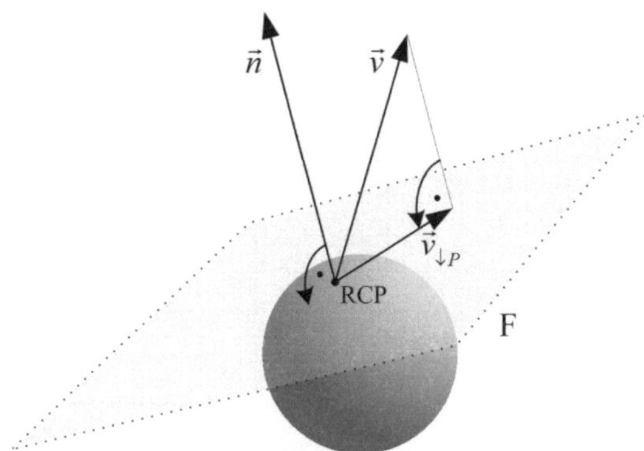

Abb. 3.8: Projektion des Geschwindigkeitsvektors eines RCPs beim Kontakt mit einer kugelförmigen Oberfläche.

Die Elemente von $\vec{k}_c$ steuern hierbei den Beitrag der Geschwindigkeit eines RCPs zur Geschwindigkeit des TCPs. $\vec{k}_{cs}$ liefert dabei nur einen sehr kleinen Beitrag, die Bewegung des TCPs soll die Bewegung der RCPs innerhalb ihres Konfigurationsraums in der Fingergelenkebene lediglich unterstützen. $\vec{k}_{\overline{cs}}$ hingegen soll die Bewegung der RCPs außerhalb ihres Konfigurationsraumes ersetzen und liefert daher große Beiträge zur Geschwindigkeit des TCPs. Darüber hinaus sind die einzelnen RCPs unterschiedlich gewichtet. Da sich Zeigefinger, Mittelfinger und Daumen im Gegensatz zu Ringfinger und dem kleinen Finger, zum einen wegen des zusätzlichen Freiheitsgrades und zum anderen durch ihre Lage bei der Exploration, als effizienter erwiesen haben, wird ihr Beitrag zu $\vec{v}_{tcp}$ höher gewichtet.

In Abb. 3.6 erkennt man die erzeugten Geschwindigkeitsvektoren für die RCPs und den TCP.

3.5.4   Berücksichtigung des Kontaktzustands

Während der Exploration sollen die Finger idealerweise der Oberflächenkontur des Objektes folgen. Wie in Abschn. 3.4.2 beschrieben, wird jedem RCP ein Sensorbereich der Hand zugeordnet. Damit wird für jeden RCP zwischen den Zuständen *Kontakt* und *Nicht-Kontakt* unterschieden. Solange ein zugeordneter Sensor keinen Kontakt feststellt, wird der lokale Geschwindigkeitsvektor des zugehörigen RCPs gemäß Gl. 3.9 unverändert übernommen. Befindet sich ein RCP im Zustand *Kontakt*, wird dessen Soll-Geschwindigkeitsvektor orthogonal auf die Kontaktebene projiziert. Diese wird durch den Kontaktpunkt mit zugehörigem Normalenvektor beschrieben. Sei also $\vec{v}$ der gemäß Gl. 3.9 errechnete Geschwindigkeitsvektor und $\vec{n}$ der Normalenvektor der Ebene F, dann errechnet sich die Projektion $\vec{v}_{\downarrow F}$ als

$$\vec{v}_{\downarrow F} = \vec{v} - (\vec{v} \cdot \vec{n}) \cdot \vec{n} \quad . \tag{3.13}$$

Abb. 3.8 veranschaulicht das Vorgehen am Beispiel des Kontaktes eines RCPs mit einer Kugel. Anschließend wird $\vec{v}$ der Wert $\vec{v}_{\downarrow F}$ zugewiesen und der nicht in der Ebene enthaltene Anteil wird verworfen:

$$\vec{v} := \vec{v}_{\downarrow F} \quad .$$

Für die kontaktabhängige Steuerung der RCPs ist eine Schätzung des Kontaktnormalenvektors erforderlich, da ein unmittelbarer Messwert zur Ableitung dieser Größe nicht zur Verfügung steht. Dazu wird eine neue Menge $P_r^s \subseteq P_r$ erstellt, welche alle gefundenen Kontaktpunkte enthält, die innerhalb einer Kugel mit Radius s um den aktuellen Kontaktpunkt $\vec{p}_c$ des RCPs liegen:

$$P_r^s = \{\vec{p}_r \in P_r : \|\vec{p}_r - \vec{p}_c\| < s\} \quad .$$

Gilt $|P_r^s| \geq 4$, so ist es möglich, die konvexe Hülle von P_r^s zu errechnen. Diese liefert eine Menge $CH = \{\vec{p}_{r_1} \times \vec{p}_{r_2} \times \vec{p}_{r_3} : \vec{p}_{r_i} \in P_r^s\}$ von Dreiecken, welche die konvexe Hülle bilden. Ist $\vec{p}_c$ Teil der konvexen Hülle von P_r^s, so wird der geschätzte Normalenvektor $\vec{n}_{est}$ als der Durchschnittsvektor der Normalenvektoren aller Dreiecke aus CH, welche $\vec{p}_c$ enthalten, berechnet (siehe Abb. 3.9). Sei $CH' \subseteq CH$ diejenige Teilmenge von CH, deren Dreiecke $\vec{p}_c$ enthalten, und sei $T_i = (\vec{p}_{i_1}, \vec{p}_{i_2}, \vec{p}_{i_3}) \in CH'$ ein Dreieck aus CH', so lässt sich der Normalenvektor $\vec{n}_i$ von T_i errechnen als

$$\vec{n}_i = (\vec{p}_{i_1} - \vec{p}_{i_2}) \times (\vec{p}_{i_1} - \vec{p}_{i_3})$$

und damit eine Schätzung für den Normalenvektor $\vec{n}_{est}$ angeben als der Mittelwert

$$\vec{n}_{est} = \frac{\sum_{k=1}^{|CH'|} \vec{n}_i}{|CH'|} \quad .$$

Ist $\vec{p}_c$ nicht in der konvexen Hülle enthalten, so wird obiges Vorgehen verworfen und der ursprüngliche Geschwindigkeitsvektor für den RCP verwendet.

Durch Anwendung des obigen Schemas folgt ein RCP im Falle des Kontaktes der geschätzten Oberflächenkontur in Richtung des Gradienten des Potenzialfeldes.

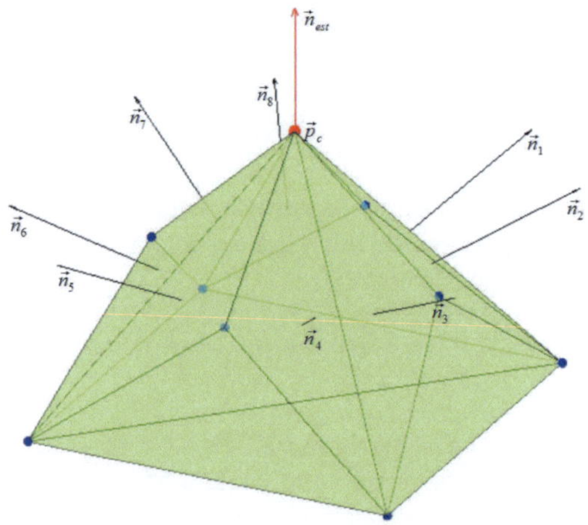

Abb. 3.9: Schätzung des lokalen Normalenvektors der Oberfläche im Kontaktpunkt $\vec{p}_c$.

3.5.5 Orientierung der Handfläche

Bisher wurden lediglich Translationsbewegungen für die RCPs und den TCP generiert. Da keine Rotation spezifiziert wurde, ergeben sich, unter Berücksichtigung des durch die Gelenke bestimmten Konfigurationsraumes, freie Rotationsbewegungen der Effektorpunkte.

Das Modell des Hand-Arm-Systems umfasst die zwei weiteren Bewegungsfreiheitsgrade θ_d und θ_r , mit denen sich die Orientierung der Hand in dorsaler und radialer Richtung steuern lässt, vgl. Abb. 3.4b. Diese Bewegungsfreiheitsgrade erlauben es, die Richtung $\vec{h}$ der Handfläche an einem bevorzugten Richtungsvektor $\vec{m}$ auszurichten, siehe Abb. 3.10.

Die aktive Ausrichtung der Handorientierung ist erforderlich, damit die Handfläche stets in Richtung des Explorationsraumes weist, in diesem Fall auf das Zentrum aller erreichbaren attraktiven Potenzialquellen. So wird verhindert, dass die Steuerung durch das Potenzialfeld die Innenseite der Hand vom Explorationsraum abwendet.

Sei $\vec{p}_{tcp}$ die aktuelle Position des TCPs und $\vec{p}_{\overline{a}}$ der geometrische Schwerpunkt aller attraktiven Potenzialquellen $\vec{p}_i \in P_a$. Dann wird der Vorzugsvektor $\vec{m}$ berechnet als

$$\vec{m} = \vec{p}_{\overline{a}} - \vec{p}_{tcp} \quad . \tag{3.14}$$

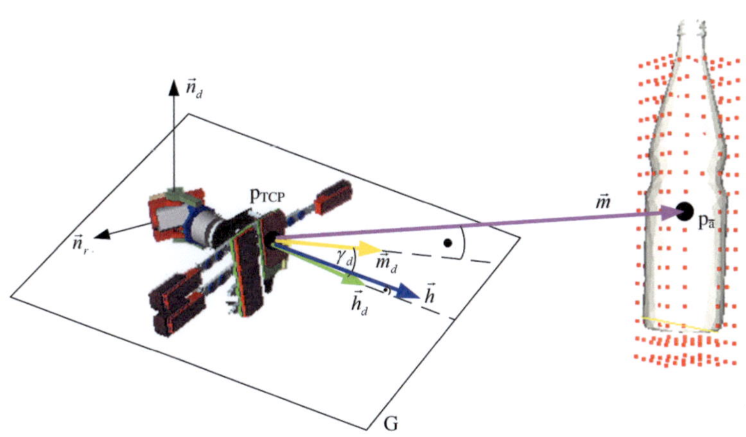

Abb. 3.10: Bestimmung des Sollwinkels γ_d für die Orientierung der θ_d-Achse.

Der Richtungsvektor $\vec{h}$ wird als Mittelwert der Normalenvektoren der beiden Teilflächen der Hand berechnet, welche die Gelenkachse θ_0 der Handfläche einschließen, vgl. Abb. 3.4b.

Seien nun $\vec{n}_d$ und $\vec{n}_r$ die Richtungsvektoren der Gelenkachsen θ_d und θ_r des für Neigung und Rotation zuständigen Handgelenks. Dann sind $\vec{m}_{\downarrow d}$ und $\vec{h}_{\downarrow d}$ die orthogonalen Projektionen von $\vec{m}$ und $\vec{h}$ in die durch den Normalenvektor $\vec{n}_d$ definierte Ebene, siehe Abb. 3.10. In gleicher Weise sind $\vec{m}_{\downarrow r}$ und $\vec{h}_{\downarrow r}$ die orthogonalen Projektionen von $\vec{m}$ und $\vec{h}$ in die durch den Normalenvektor $\vec{n}_r$ definierte Ebene. Die Projektionen berechnen sich analog Gl. 3.13.

Die Winkel γ_d und γ_r bezeichnen jeweils die Winkelabweichung zwischen Sollwerten $\vec{m}_{\downarrow d}$ bzw. $\vec{m}_{\downarrow r}$ und aktuellen Richtungsvektoren $\vec{h}_{\downarrow d}$ bzw. $\vec{h}_{\downarrow r}$. Sie berechnen sich zu

$$\gamma_d = \arccos\left(\frac{\vec{m}_{\downarrow d} \cdot \vec{n}_{\downarrow d}}{|\vec{m}_{\downarrow d}|\,|\vec{n}_{\downarrow d}|}\right)$$
$$\gamma_r = \arccos\left(\frac{\vec{m}_{\downarrow r} \cdot \vec{n}_{\downarrow r}}{|\vec{m}_{\downarrow r}|\,|\vec{n}_{\downarrow r}|}\right) \quad .$$

Die Orientierung der Handfläche wird über einfache P-Regler nachgeführt, mit Verstärkungen G_{ω_d} bzw. G_{ω_r}. Bei gegebener maximaler Winkelgeschwindigkeit ω_{max} werden die Winkelgeschwindigkeiten ω_d und ω_r zu

$$\omega_d = G_{\omega_d} \cdot (\gamma_d / \pi) \omega_{max}$$
$$\omega_r = G_{\omega_r} \cdot (\gamma_r / \pi) \omega_{max}$$

bestimmt.

3.5.6 Kopplung der Finger

Da für die Exploration ein anthropomorphes Handmodell verwendet wird, ist es wünschenswert, unnatürliche Fingerkonfigurationen zu vermeiden. Diese können entstehen, wenn die Finger durch die individuelle RCP-Steuerung zu weit auseinander gespreizt und dabei bewegt werden. Dem wird entgegengewirkt, indem die Bewegungen der einzelnen Gelenke der Finger gekoppelt werden. Die Kopplung wird durch die Überlagerung der Gelenkwinkelgeschwindigkeiten, welche sich aus der erzwungenen Bewegung durch das Potenzialfeld ergeben, mit einem kraftbeschränkten Gelenkwinkelregler realisiert, der Bestandteil des Physiksimulators ist. Dafür wird zunächst der Mittelwert $\overline{\gamma}$ aller Fingergelenkwinkel $\gamma_i, i \in \{2, \ldots, 9\}$ berechnet. Die Gelenke θ_i der Finger werden mit der Winkelgeschwindigkeit ω_i und der maximalen Kraft F_i angesteuert. Der Regelfehler e_i für ein Gelenk sei definiert als

$$e_i = k_{c,i}(\overline{\gamma} - \gamma_i) / \gamma_{max} \quad ,$$

$k_{c,i} \in [0,1]$ stellt einen Kopplungsfaktor dar. Damit lassen sich nun ω_i und F_i berechnen durch

$$\omega_i = sgn(e_i)\mathscr{F}(|e_i|)\omega_{max}$$
$$F_i = \mathscr{F}(|e_i|)F_{max} \quad .$$

Hierbei entspricht $\gamma_{max} = \frac{\pi}{2}$ dem maximalen Fingergelenkwinkel, ω_{max} und F_{max} sind die maximal zulässigen Winkelgeschwindigkeiten und Kräfte und $\mathscr{F}$ ist eine streng monoton steigende Funktion $[0,1] \rightarrow [0,1]$ zur Vorgabe der Kopplungscharakteristik. Der Kopplungsfaktor $\vec{k}_c = [k_{c,1}, \ldots, k_{c,|joints|}]^T$ ermöglicht es, einzelne Fingergelenke mehr oder weniger an $\overline{\gamma}$ zu koppeln. Die Gelenke im Daumen haben die kleinsten Werte für $k_{c,i}$, die Gelenke in Ring- und Zeigefinger haben einen

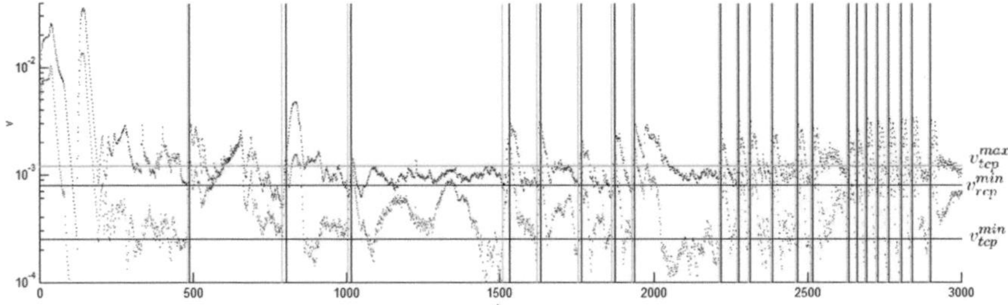

Abb. 3.11: Typischer Geschwindigkeitsverlauf von v_{tcp} (rot) und v_{rcp} (blau). Die vertikalen Linien signalisieren Anfang (cyan) und Ende (schwarz) einer kleinen Rekonfiguration.

mittelgroßen Wert und die Gelenke des Ring- und des kleinen Fingers besitzen einen hohen Wert der gemeinsamen Kopplung. Je kleiner der Kopplungsfaktor ist, desto weniger ist die Bewegung eines Fingers von den übrigen Fingern abhängig.

3.5.7 Rekonfigurationsregeln

Durch die Verwendung harmonischer Potenziale wird zwar verhindert, dass ein RCP für sich genommen in ein lokales Minimum fallen kann, jedoch lassen sich strukturelle lokale Minima für die gesamte Hand und Verklemmungen während der Interaktion mit dem Objekt nicht vermeiden.
Besonders häufig kommen Verklemmungen vor, wenn ein Fingerglied, an welchem kein Kontaktsensor modelliert ist, aktiv gegen das Explorationsobjekt drückt und infolge von Reibung daran haften bleibt. Strukturelle Minima wie auch Verklemmungen führen zur Stagnation des Explorationsvorgangs.

Um solche Stagnationssituationen zu identifizieren, wird der Verlauf der Geschwindigkeit des TCPs $\vec{v}_{tcp}$ und der mittleren Geschwindigkeit aller RCPs $\vec{v}_{rcp}$ beobachtet. Um nicht unmittelbar auf abrupte Geschwindigkeitsänderungen zu reagieren, wird ein Tiefpass zur Filterung der Geschwindigkeitswerte eingesetzt. Seien $\vec{p}_{tcp}(t)$ die Position des TCPs und $\vec{p}_{rcp,j}(t)$ die Position des j-ten RCPs, so lassen sich die Geschwindigkeitswerte abschätzen durch

$$\vec{v}_{tcp}(t)' = \left| \vec{p}_{tcp}(t) - \vec{p}_{tcp}(t-1) \right|$$
$$\vec{v}_{rcp,j}(t)' = \left| \vec{p}_{rcp,j}(t) - \vec{p}_{rcp,j}(t-1) \right|$$

mit

$$\vec{p}_{rcp,j}(t) = \frac{\sum_{j=1}^{|RCP|} \vec{p}_{rcp,j}(t)}{|RCP|} \quad .$$

Nach Tiefpassfilterung mit der Zeitkonstanten τ_{tcp} erhält man schließlich

$$\vec{v}_{tcp,t} = \frac{1}{\tau_{tcp}+1}\vec{v}_{tcp}(t)' + (1 - \frac{1}{\tau_{tcp}+1})\vec{v}_{tcp}(t-1)$$

$$\vec{v}_{rcp,j}(t) = \frac{1}{\tau_{rcp}+1}\vec{v}_{rcp,j}(t)' + (1 - \frac{1}{\tau_{rcp}+1})\vec{v}_{rcp,j}(t-1) \quad .$$

Eine Stagnation gilt als identifiziert, sobald die folgende Bedingung erfüllt ist:

$$(|\vec{v}_{tcp}| < v_{tcp,min}) \wedge (|\vec{v}_{rcp,j}| < v_{rcp,min}), \forall j \in \{1,\ldots,|RCP|\}$$

Sobald eine Stagnation festgestellt wird, wechselt das System so lange in den in dieser Arbeit als *kleine Rekonfiguration* bezeichneten Zustand (engl. *minor reconfiguration*), bis die Bedingung

$$|\vec{v}_{tcp}| > v_{tcp,max}$$

wahr ist. Die Schwellenwerte $v_{tcp,min}$, $v_{rcp,min}$ und $v_{tcp,max}$ können hierbei empirisch aus Experimenten ermittelt werden. Abb. 3.11 zeigt exemplarisch die Geschwindigkeitsverläufe und die Rekonfigurationen während einer Exploration.

Befindet sich das System zu lange im kleinen Rekonfigurationszustand oder ist seit der letzten kleinen Rekonfiguration zu wenig Zeit vergangen, so wird von einer Verklemmung ausgegangen, welche durch die kleine Rekonfiguration nicht zu beheben ist. In diesem Fall wird eine *große Rekonfiguration* (engl. *major reconfiguration*) eingeleitet.

Das System befinde sich im kleinen Rekonfigurationszustand. Sei t_{rc} der Startzeitpunkt der aktuellen kleinen Rekonfiguration und t_{rc-1} der Startzeitpunkt der vorangegangenen kleinen Rekonfiguration, so wird eine große Rekonfiguration gestartet, falls gilt

$$(t - t_{rc} > t_{rc,max}) \vee (t - t_{rc-1} > t_{rc-1,max})$$

Die Werte für $t_{rc,max}$ und $t_{rc-1,max}$ werden ebenfalls empirisch bestimmt.

Während der kleinen Rekonfiguration werden alle anziehenden Potenzialquellen aus P_a in abstoßende Potenzialquellen umgewandelt. So erhält man eine neue Menge abstoßender Potenzialquellen

$$P_r' = P_r \cup P_a,$$

welche alleine, also ohne Verwendung attraktiver Potenzialquellen, für die Generierung der Geschwindigkeitsvektoren der RCPs verwendet wird. Auf eine Zerlegung der Geschwindigkeitsvektoren gemäß Gl. 3.10, Gl. 3.11 und Gl. 3.12 sowie die Kopplung der Finger gemäß Abschn. 3.5.6 wird in dieser Phase verzichtet. Vielmehr wird für den TCP ein eigener Geschwindigkeitsvektor auf gleiche Weise wie für die RCPs generiert, wobei dieser durch Anwenden von Gleichung Gl. 3.9 mit P'_r und einer zusätzlichen ein-elementigen Menge attraktiver Potenzialquellen

$$P'_a = \{\vec{p}_{tcp} + (\vec{p}_{tcp} - \vec{p}_{\bar{a}})\}$$

errechnet wird. $\vec{p}_{\bar{a}}$ ist hierbei der geometrische Schwerpunkt aller Potenzialquellen aus P_a. Die Ausrichtung der Handfläche, wie sie in Abschn. 3.5.5 beschrieben wurde, wird hierbei weiterhin ausgeführt. Der kleine Rekonfigurationsvorgang führt also dazu, dass der TCP um eine kurze Distanz vom Explorationsobjekt entfernt wird und die Finger der Hand sich unter dem Einfluss der abstoßenden Potenzialquellen öffnen, um so eine erneute Stagnation zu vermeiden.

Gelingt es nicht, die Stagnation aufzulösen, wird eine große Rekonfiguration eingeleitet. Hierbei wird der gesamte Arm zunächst in eine Ausgangskonfiguration mit fest vorgegebenen Gelenkwinkeln überführt, die Hand wird komplett geöffnet und der Neigungswinkel der Hand wird in die Grundstellung zurückgesetzt. Es sei angemerkt, dass im Falle der Anwendung mit dem realen Roboter, im Unterschied zur Simulation, Sorge dafür zu tragen ist, bei diesem Vorgang weitere Kollisionen mit dem Explorationsobjekt zu vermeiden, also eine kollisionsfreie Bahn weg vom Objekt zu finden. Ist die Ausgangskonfiguration erreicht, so wird mittels einfacher Potenzialfeldsteuerung eine neue Zielposition $\vec{p}_d$ für den TCP angefahren. Diese wird bestimmt zu

$$\vec{p}_d = \cdot \vec{p}_o + \begin{pmatrix} 0 \\ y_+ \\ 0 \end{pmatrix} \quad,$$

wobei $\vec{p}_o$ den Schwerpunkt des zu explorierenden Objektes angibt und der Vektor $(0, y_+, 0)^T$ in eine Region oberhalb der BB zeigt.

Sobald diese Position erreicht ist, werden die attraktiven Potenzialquellen aus P_a einer Hauptkomponentenanalyse unterzogen. Die erste Hauptkomponente gibt die Richtung derjenigen Achse im Raum an, in deren Richtung die Varianz der Punktmenge maximal ist. Anschließend wird das Handgelenk ausgerichtet, so dass die radiale Richtung der Hand mit der ersten Hauptkomponente übereinstimmt. Damit ist die große Rekonfiguration abgeschlossen und die Exploration wird fortgesetzt.

Während eines Explorationsvorgangs kommt es typischerweise regelmäßig zu Rekonfigurationen, das Eintreten einer großen Rekonfiguration wurde selten experimentell beobachtet. Im Regelfall genügen kleine Rekonfigurationen, um Verklemmungen aufzulösen.

3.6 Zusammenfassung

Die Explorationssteuerung ermöglicht die haptische Exploration als ersten Teil der Prozesskette. Für das Hand-Arm-System werden der TCP und die sensorbestückten Fingerspitzen als Steuerungspunkte einer gekoppelten kinematischen Kette behandelt. Zur Lösung der inversen Kinematik für dieses Mehrfach-Effektorproblem wird das Verfahren der virtuellen modellbasierten Regelung mit einem dynamischen Modell des Roboters verwendet. Das dynamische Modell wird dabei mit einem Physiksimulator berechnet. Die Sollwertvorgaben für den Roboter können hierbei sowohl über Gelenkwinkel- als auch über Effektorgeschwindigkeitstrajektorien erfolgen. Diese Vorgaben werden durch ein potenzialfeldbasiertes Explorationsverfahren erzeugt, bei dem unbekannte Regionen in einem festgelegten Explorationsbereich anziehend wirken. In Abhängigkeit vom Kontaktzustand wird das Potenzialfeld während der Exploration dynamisch lokal adaptiert. Kontaktpunkte werden zu einer orientierten 3-D-Punktmenge als Objektrepräsentation zusammengefügt. Die Steuerungspunkte folgen individuellen Trajektorien in Abhängigkeit vom Kontaktzustand der zugeordneten Sensoren, um so der Kontur des Objektes zu folgen. Durch Verwendung harmonischer Potenzialfunktionen ist das Potenzialfeld frei von lokalen Minima. Ein Rekonfigurationsbeobachter erkennt strukturelle Minima des Hand-Armsystems und bewirkt deren Auflösung.

Kapitel 4

Generierung von Griffhypothesen

Eine wichtige Anwendung der taktilen Exploration besteht im Auffinden von möglichen Griffen für das untersuchte Objekt, die mit der Roboterhand durchgeführt werden können. Durch das Greifen des Objektes wird dessen physische Kontrolle möglich. Somit können weitere Explorationsverfahren durchgeführt werden, beispielsweise eine visuelle Untersuchung des gegriffenen Objektes mit dem Kamerasystem des Roboters.

Durch das in Kap. 3 entwickelte Explorationsverfahren wird ein dünnes und unregelmäßiges Oberflächenmodell des Objektes in Form einer orientierten 3-D-Punktmenge erzeugt. Diese Ausgangssituation entspricht dem zweiten Block der Prozesskette in Abb. 1.2. Für Unsicherheit im Objektmodell sorgt die erforderliche Schätzung der lokalen Oberflächennormalen, da hierfür keine exakte Sensorinformation vorliegt. Um diese Unsicherheit im Objektmodell auszudrücken, ist im Folgenden von Griffhypothesen statt von tatsächlich möglichen Griffen die Rede.

Eine detaillierte Greifplanung im klassischen Sinne ist mit der durch die haptische Exploration gewonnenen Objektrepräsentation nicht möglich. Der mechanische Greifplanungsansatz, vgl. z. B. [Nguyen, 1987], [Ferrari und Canny, 1992], [Haschke und Steil, 2005], ist nicht erfolgversprechend, da nur eine unvollständige Beschreibung der Objektoberfläche vorliegt und keine weiteren physikalischen Parameter, wie Objektmasse und -schwerpunkt, bekannt sind. Stattdessen wird im Folgenden ein geometrisches Generierungsverfahren für Griffhypothesen vorgestellt, welches zum Teil auf Heuristiken beruht. Grundlegende Beschreibungen der geometrischen Greifplanung finden sich in [Laugier, 1986] und [Pertin-Troccaz, 1988].

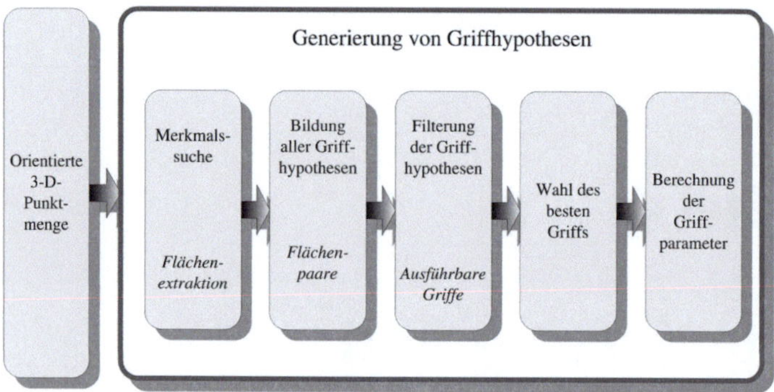

Abb. 4.1: Einordnung in der Prozesskette: Bildung der Griffhypothesen aus der orientierten 3-D-Punktmenge.

Dieses Kapitel gibt im Folgenden einen Überblick über die Bildung der Griffhypothesen sowie der Durchführung des Greifvorgangs. Die einzelnen Verfahrensschritte sind in Abb. 4.1 dargestellt. Aus der durch die Exploration gewonnenen Objektrepräsentation müssen zunächst Merkmale für einen möglichen Griff erstellt werden. Dafür werden aus der orientierten Punktmenge Flächen extrahiert. Dieses Verfahren wird in Abschn. 4.1 näher erklärt. Die Flächen werden dabei paarweise auf ihre Qualität bezüglich der Durchführung eines Griffes geprüft. In Abschn. 4.2 wird das Verfahren zur Ermittlung der Griffqualität beschrieben, nach der die Griffhypothesen entsprechend ihrer Erfolgswahrscheinlichkeit eingeordnet werden. Die Erzeugung der Griffhypothese wird erneut durchgeführt, sobald ein relevante Menge neuer Informationen zur Objektrepräsentation durch die Exploration hinzugekommen ist.

Sobald eine Hypothese mit erfolgversprechender Qualität gefunden wird, wird diese Hypothese in einen parametrisierten Präzisionsgriff überführt und mittels potenzialfeldbasierter Steuerung des Roboters ausgeführt. Dies wird in Abschn. 4.4 beschrieben. Die Griffparameter beinhalten eine geeignete Ausgangsposition mit Annäherungsrichtung zur Ausführung der Griffhypothese. Die Durchführung erfolgt als Präzisionsgriff, bei dem das Objekt mit den Fingerspitzen von Daumen und gegenüberliegenden Fingern gegriffen wird [Cutkosky und Kao, 1989]. Haben alle am Griff beteiligten RCPs Kontakt mit dem Objekt an den vorberechneten Zielregionen, so wird die Hand kraftgeregelt geschlossen und an eine vorgegebene Übergabeposition bewegt. Nur wenn das Objekt dabei mitbewegt wird, gilt die Griffhypothese als erfolgreich.

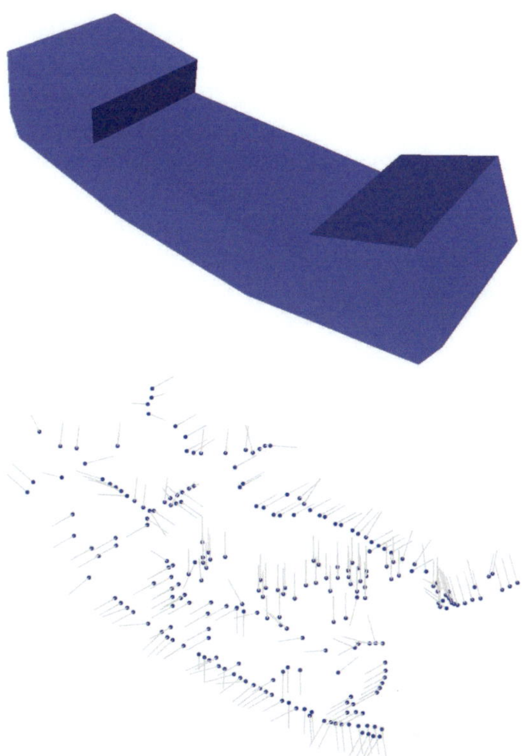

Abb. 4.2: Ein Telefon und die durch taktile Exploration erzeugte orientierte Punktmenge.

4.1 Generierung der Griffmerkmale

In [Pertin-Troccaz, 1988] werden aus einer polygonalen Objektrepräsentation geometrische Merkmale bestimmt, um damit mögliche Griffe zu finden. Diese sog. *symbolischen Griffe* beinhalten Paare von Objektmerkmalen, welche bestimmte geometrische Greifbedingungen erfüllen, durch welche ein Griff möglich wird. Das
von Pertin-Troccaz entwickelte Verfahren ist für die Verwendung von Zweiba-
ckengreifern gedacht, jedoch findet sich beispielsweise in [Rembold, 2001] eine
Erweiterung für Mehrfingergreifer.

Im ursprünglichen Ansatz bestehen die Objektmerkmale aus den Flächen, Kanten
und Ecken einer polygonalen Objektrepräsentation. Das in Kap. 3 beschriebene

Explorationsverfahren erzeugt lediglich eine orientierte Punktmenge mit unregelmäßiger Dichte als Objektrepräsentation, wie beispielhaft in Abb. 4.2 dargestellt. Von den geometrischen Merkmalen, die für die Generierung von Griffhypothesen erforderlich sind, lassen sich in derart organisierten Punktmengen am Einfachsten planare, flächenförmige Primitive extrahieren, da zu den Kontaktpunkten die entsprechende Normaleninformation vorhanden ist. Hingegen erfordert die Erkennung von Kanten in einer Punktmenge in der Regel, dass angrenzende Flächen bereits erkannt wurden. Genauso setzt die Erkennung von Eckpunkten die Kenntniss der angrenzenden Kanten voraus. Dafür müsste die zugrundeliegende Punktmenge für die zuverlässige Extraktion von Kanten oder Eckpunkten eine hohe lokale Punktdichte von gleichzeitig hoher Regelmäßigkeit aufweisen. Deshalb beschränkt sich die Merkmalsextraktion hier auf die Identifizierung von planaren Flächen nach dem folgenden Verfahren.

Zunächst werden alle Kontaktpunkte, deren Normalenvektoren sich nur geringfügig unterscheiden und deren Versatz unterhalb eines Schwellenwertes liegt, zu Mengen Q_k zusammengefasst.

Sei also P_r wie bisher die Menge der ermittelten Kontaktpunkte, und sei $\vec{n}_i$ der zu $\vec{p}_i \in P_r$ gehörende Normalenvektor. Sei darüber hinaus $\angle(\vec{n}_i, \vec{n}_j)$ der Winkel zwischen $\vec{n}_i$ und $\vec{n}_j$, $g(\vec{p}_i, \vec{p}_j)$ der Abstand von $\vec{p}_j$ zur Ebene $E_i : \vec{n}_i \cdot (\vec{x} - \vec{p}_i) = 0$ und $P_r' \subseteq P_r$ die Menge aller $\vec{p}_i \in P_r$, welche in keiner der Mengen Q_k enthalten ist. Solange P_r' noch Elemente enthält, wird eine neue Menge Q_k erstellt und ein beliebiges Element $\vec{p}_i \in P_r'$ hinzugefügt und aus P_r' gelöscht:

$$Q_k = \{\vec{p}_i\}, P_r' = P_r' \backslash \{\vec{p}_i\} \quad .$$

Anschließend wird P_r' nach Elementen $\vec{p}_j$ durchsucht, welche einen von $\vec{n}_i$ nur minimal abweichenden Normalenvektor $\vec{n}_j$ besitzen und deren Abstand zur Ebene E_i unterhalb des Schwellenwertes g_{max} liegt. Für ein $\vec{p}_j$ gilt also bei gegebenem $\vec{p}_i$ die Bedingung

$$\vec{p}_j \in P_r' : \left(\angle(\vec{n}_i, \vec{n}_j) < \rho_{max} \right) \wedge \left(g(\vec{p}_i, \vec{p}_j) < g_{max} \right) \} \quad .$$

Hierbei bezeichnet ρ_{max} den maximalen Grenzwinkel zwischen zwei Kontaktnormalen in P_r', oberhalb dessen die zugehörigen Elemente $\vec{p}_i$ und $\vec{p}_j$ als unterschiedlich betrachtet werden. Durch die Wahl von ρ_{max} und g_{max} können auch gekrümmte Flächen bis zu einem definierten Krümmungsradius miteinbezogen werden.

Alle gefundenen $\vec{p}_j$ mit dieser Eigenschaft werden ebenfalls zu Q_k hinzugefügt und aus P_r' gelöscht:

$$Q_k = Q_k \bigcup_j \{\vec{p}_j\}, P_r = P_r \backslash \bigcup_j \{\vec{p}_j\} \quad .$$

Alle Punkte in Q_k liegen somit näherungsweise in einer Ebene.

Im nächsten Schritt müssen aus den gewonnenen Mengen Q_k noch Flächen f_k erzeugt werden. Zunächst werden alle Q_k mit $|Q_k| < 3$ gelöscht, da eine Fläche mindestens drei Punkte beinhalten muss. Für alle Q_k mit $|Q_k| = 3$ ist die gewünschte Fläche direkt durch die drei Elemente definiert.

Für alle Q_k mit $|Q_k| > 3$ wird zunächst der Schwerpunkt $\vec{c}_k$ als

$$\vec{c}_k = \frac{\sum_{i=1}^{|Q_k|} \vec{p}_i}{|Q_k|}$$

sowie der Mittelwert der Normalenvektoren $\vec{n}_k$ als

$$\vec{n}_k = \frac{\sum_{i=1}^{|Q_k|} \vec{n}_i}{|Q_k|}$$

bestimmt. Damit erhält man eine Repräsentation für die Ebene E_k, in der die Fläche f_k liegen muss:

$$E_k : \vec{n}_k \cdot (\vec{x} - \vec{c}_k) = 0 \quad . \tag{4.1}$$

Es werden alle Elemente aus Q_k in den durch E_k definierten zweidimensionalen Unterraum von $\mathbb{R}^3$ transformiert. Damit erhält man eine Menge Q'_k mit den transformierten Punkten $\vec{p}'_i \in Q'_k$. Über alle $\vec{p}'_i$ kann nun die zweidimensionale konvexe Hülle $CH(Q'_k)$ gebildet werden. Man erhält damit die Indizes aller Punkte aus der Punktmenge in vorgegebener Umlaufrichtung, welche auf dem Rand der tatsächlich explorierten Region der Fläche liegen. Diese werden in f_k gespeichert. Durch f_k wird eine explorierte planare Teilregion innerhalb einer Fläche dargestellt. Somit wird also eine partielle Repräsentation der explorierten Objektoberfläche durch einzelne planare Polygone erzeugt.

Für das Beispiel aus Abb. 4.2 sind in Abb. 4.3 die extrahierten Flächen f_k dargestellt. Aufgrund des unvollständigen Explorationsvorgangs und der hohen Unsicherheit beim Schätzen der Kontaktnormalen, stimmen die extrahierten Flächen selten mit denen des ursprünglichen Objekts vollkommen überein. Dennoch genügt diese Information oftmals, um daraus Griffhypothesen zu generieren, wie im folgenden Abschnitt beschrieben.

4.2 Filterung der geometrischen Merkmale

Aus den extrahierten Flächen müssen nun erfolgversprechende Griffe für den Greifvorgang gefunden werden. Eine Griffhypothese besteht aus der Kombination zweier

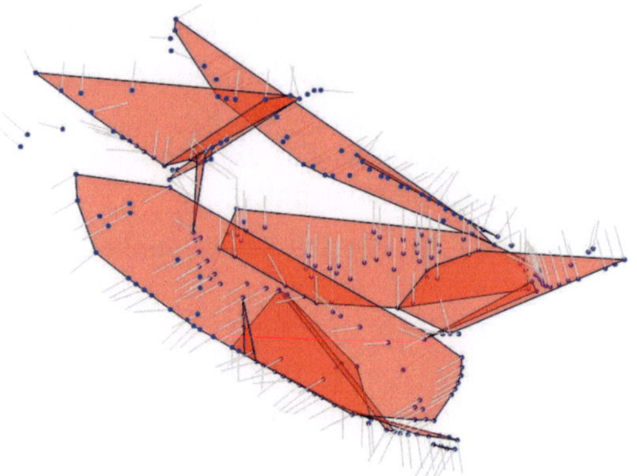

Abb. 4.3: Aus einer Punktmenge extrahierte Flächen als Griffmerkmale.

verschiedener Greifmerkmale, die bestimmte Bedingungen erfüllen müssen, damit mindestens ein gültiger Griff von dieser Hypothese repräsentiert wird. Dadurch werden nur Bedingungen betrachtet, bei denen die Finger parallel zu den beiden Flächenmerkmalen ausgerichtet werden können.

Einerseits schränkt das die Zahl der zu prüfenden Merkmalskombinationen deutlich ein, andererseits kann dadurch die Merkmalsfilterung deutlich vereinfacht werden. Griffhypothesen, bei denen die Finger an mehr als zwei Flächen angreifen, z. B. beim Dreipunktgriff, werden somit nicht betrachtet. Die Bedingungen folgen aus der Greifer- und Objektgeometrie und werden im Folgenden als geometrische Greifbedingungen bezeichnet. Dafür werden zunächst alle möglichen Flächenpaare als Griffhypothesen gebildet und anschließend der Erfülltheitsgrad der Greifbedingungen überprüft.

Durch einen sequenziellen Filterungsprozess, einer *Filter-Pipeline*, wird jede Griffhypothese bewertet und gegebenenfalls sofort verworfen, um dem Problem der kombinatorischen Explosion durch die Paarbildung entgegenzuwirken. Es wird zwischen *objektabhängigen* und *greiferabhängigen* Bedingungen unterschieden. Hierfür wurden vier geometrische Filter entwickelt, die jeweils ein Gütemaß $o \in \lceil 0,1 \rceil$ erzeugen. Dabei bedeutet ein Wert $o = 0$, dass das Flächen-Paar für das Greifen bezüglich der entsprechenden geometrischen Greifbedingung disqualifiziert ist. Im Einzelnen wurden nachfolgend beschriebene Filter realisiert:

- *Parallelität*: Dieser Filter prüft die zwei Flächen auf Parallelität. Je stumpfer der Winkel ist, in dem zwei Flächen zueinander stehen, desto schwieriger ist es, das Objekt an diesen Flächen zu greifen. Daher werden Flächenpaare umso höher bewertet, je mehr ihre Normalenvektoren einander entgegengerichtet sind. Seien $\vec{n}_1$ und $\vec{n}_2$ die Normalenvektoren der beiden Flächen f_1 und f_2, ϕ der von $\vec{n}_1$ und $-\vec{n}_2$ eingeschlossene Winkel und ϕ_{max} der maximal zulässige Winkel, dann gilt für die Ausgabe o des Filters:

$$o = \begin{cases} 0, & \text{falls } \phi > \phi_{max} \\ \frac{(\phi_{max}-\phi)}{\phi_{max}}, & \text{sonst} \end{cases} .$$

- *Minimale Flächengröße:* Je kleiner eine Fläche ist, desto größer ist die Unsicherheit bezüglich ihrer exakten Ausrichtung. Somit sinkt die Erfolgswahrscheinlichkeit für einen erfolgreichen Griff mit der Flächengröße. Daher sollen einerseits große Flächen bevorzugt und andererseits zu kleine Flächen abgewiesen werden. Dieser Filter testet also zwei Flächen auf adäquate Flächengröße. Seien a_1 und a_2 die Flächengröße der Flächen f_1 und f_2. Die minimalzulässige Flächengröße ist a_{min} und k_a ist ein Normalisierungsfaktor. Damit ist die Ausgabe o des Filters:

$$o = \begin{cases} 0, & \text{falls } (a_1 < a_{min}) \vee (a_2 < a_{min}) \\ \min(\frac{a_1}{k_a}, \frac{a_2}{k_a}) & \text{sonst} \end{cases} .$$

- *Lokale planare Zugänglichkeit*: Dieser Filter überprüft die räumliche Anordnung der beiden Flächen als Nebenbedingung für die Greifbarkeit an diesem Merkmalspaar. In Analogie zu [Röhrdanz, 1997] wird dieses Kriterium als *lokale planare Zugänglichkeit* bezeichnet. Zunächst wird die Schnittfläche der beiden Flächen im durch ihre Normalenvektoren definierten Unterraum bestimmt. Dafür werden die beide Flächen in die Greifebene gp projiziert, welche in der Mitte der beiden Flächen f_1 und f_2 liegt und den Normalenvektor $\vec{n}_{gp} = (\vec{n}_1 - \vec{n}_2)/2$ besitzt. Seien also $f_{1\downarrow gp}$ und $f_{2\downarrow gp}$ die Projektionen von f_1 und f_2 auf gp, dann ist a_{int} die Größe der Schnittfläche von $f_{1\downarrow gp}$ und $f_{2\downarrow gp}$. Die minimal akzeptierte Flächengröße ist a_{min}, der Faktor k_{lpz} dient der Normalisierung des Gütemaßes. Die Ausgabe o des Filters ist:

$$o = \begin{cases} 0, & \text{falls } a_{int} < a_{min} \\ \frac{a_{int}}{k_{mv}} & \text{sonst} \end{cases} .$$

- *Abstand der Flächen*: Dieser Filter berücksichtigt die spezielle Charakteristik des verwendeten Manipulationswerkzeugs, hier der Roboterhand. Dabei

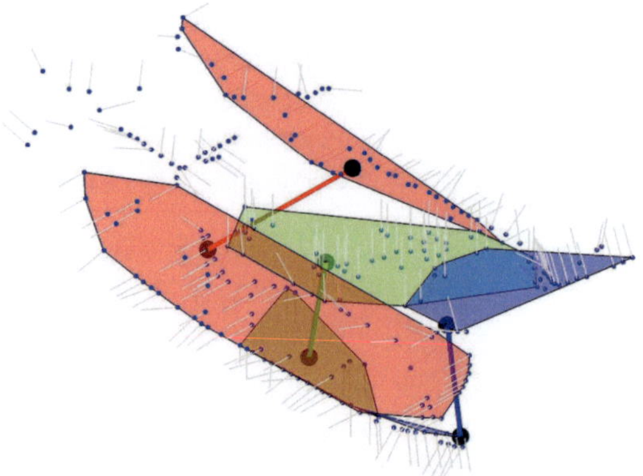

Abb. 4.4: Die drei Griffhypothesen mit der höchsten Bewertung für das explorierte
Telefon.

überprüft der Filter, ob die maximale Öffnung der Hand ausreicht, um die
beiden Flächen zu greifen. Sei d der Abstand der Schwerpunkte der beiden
Flächen f_1 und f_2 und d_{min} und d_{max} der minimal bzw. maximal zulässige
Abstand, dann gilt für die Ausgabe o des Filters:

$$o = \begin{cases} 0, & \text{falls } d \notin [d_{min}, d_{max}] \\ 1, & \text{sonst} \end{cases}.$$

Die Gesamtbewertung für einen symbolischen Griff berechnet sich als Produkt der
Teilbewertungen der einzelnen Filter. Seien also f_1 und f_2 die beiden Flächen eines
symbolischen Griffs und o_i die Ausgabe eines Filters, so ist die Gesamtbewertung

$$s(f_1, f_2) = \prod_{i=1}^{4} o_i(f_1, f_2).$$

Um als möglicher Griff akzeptiert zu werden, muss für die Bewertung eines symbolischen Griffes die Bedingung $s > 0$ erfüllt sein.

In Abb. 4.4 sind beispielhaft die drei Griffhypothesen mit der höchsten Bewertung
dargestellt, welche aus der durch Exploration erzeugten Punktmenge in Abb. 4.2
extrahiert wurden.

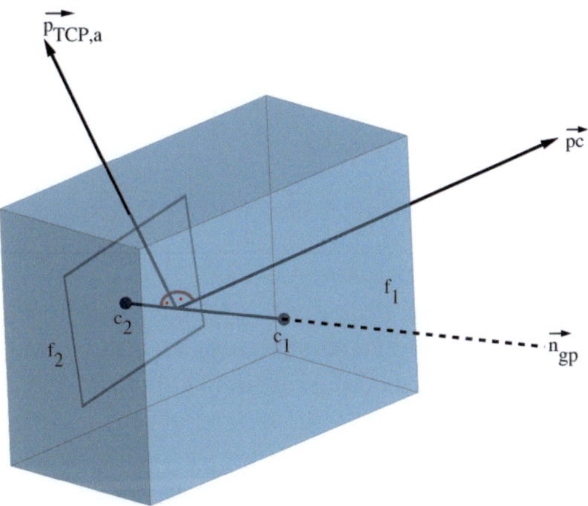

Abb. 4.5: Geometrische Anordnung zur Berechnung der Griffparameter.

4.3 Parametrisierung der Griffhypothesen

Zur Ausführung eines Griffes auf Grundlage einer geeigneten Griffhypothese muss diese parametrisiert werden. In der Regel wird hierfür die Griffhypothese mit der höchsten Bewertung s verwendet. Wie bei den meisten klassischen Greifplanungsverfahren sind auch hier der Richtungsvektor des TCP während der Annäherung an das Objekt und der TCP-Greifpunkt Teil der Parametrisierung. Hierbei bewegt sich der TCP der Roboterhand in Annäherungsrichtung zum Greifpunkt. In dieser Phase sind die Finger geöffnet. Im Greifpunkt wird die Hand dann geschlossen, um das Objekt zu greifen. Folgende Griffparameter werden zur Ausführung einer Griffhypothese bestimmt:

1. *Annäherungsgerade des TCPs*
   Die Annäherungsgerade des TCPs beschreibt die Gerade, entlang der sich der TCP in hinreichender Entfernung zum Greifpunkt bewegt, um schließlich diesen Greifpunkt zu erreichen. Damit beschreibt sie zugleich die Annäherungsrichtung. Die Schnittgerade $gp : \vec{x} = \vec{gp} + \lambda\vec{n}_{g}p$ der Flächenschwerpunkte $\vec{c}_1$ und $\vec{c}_2$ der beiden Flächen f_1 und f_2 wird bestimmt. Zur Verdeutlichung der geometrischen Anordnung sei auf Abb. 4.5 verwiesen. Der Schwerpunkt einer Fläche wird als der Mittelwert aller Kontaktpunkte, welche in dieser Fläche liegen, berechnet. $\vec{n}_{gp}$ ist der normalisierte Richtungsvektor der Gerade und $\vec{g}_p$ ist der Mittelpunkt der Verbindungslinie von $\vec{c}_1$ und $\vec{c}_2$ (nicht

eingezeichnet). Der Punkt $\vec{g}_p$ ist Stützpunkt der TCP-Annäherungsgerade. Um die TCP-Annäherungsrichtung durch diesen Punkt zu bestimmen, wird die erste Hauptkomponente $\vec{pc}$ der Punktmenge P_r berechnet. Damit wird die Gleichung der Annäherungsgerade zu

$$\vec{p}_{tcp} = \vec{g}_p + (\vec{n}_{gp} \times \vec{pc}) \cdot x \quad . \tag{4.2}$$

2. *Greifpunkt und Annäherungsrichtung des TCPs*
   Der Greifpunkt liegt auf der Annäherungsgerade $\vec{p}_{tcp}$ aus Gl. 4.2 mit $x = d_{TCP}$. Der Faktor d_{TCP} gibt die Distanz zu $\vec{g}_p$ an und wird in Abhängigkeit der Fingerlänge so gewählt, dass die Fingerspitzen beim Schließen der Hand die Ebene mit Normalenvektor $\vec{n}_{gp}$ durch den Punkt $\vec{p}_{tcp,a}$ schneiden können. Weitere Nebenbedingungen bestimmen das Vorzeichen von d_{TCP} und damit die Annäherungsrichtung entlang der Geraden aus Gl. 4.2. Diese wird in Abhängigkeit von der Ausgangskonfiguration des Roboters bestimmt.

3. *Zielpositionen der primären RCPs*
   Am Greifvorgang sind stets Daumen, Zeige- und Mittelfinger beteiligt. Die zugeordneten RCPs werden hier als primäre RCPs bezeichnet. Für die weiteren Überlegungen sei f_1 die kleinere und f_2 die größere Fläche mit den zugehörigen Normalenvektoren $\vec{n}_{f,1}$ und $\vec{n}_{f,2}$. Die Zielposition für den Daumen $\vec{p}_{thumb,a}$ wird auf den Schwerpunkt $\vec{c}_1$ der kleineren Fläche gesetzt. Die Zielpositionen für die dem Daumen gegenüberliegenden Zeige- und Mittelfinger $\vec{p}_{index,a}$ und $\vec{p}_{middle,a}$ werden um den Schwerpunkt $\vec{c}_2$ von f_2 auf einer Geraden verteilt. Da im Falle der FRH-4-Hand beide Finger gleich lang sind, ergibt sich

$$\vec{p}_{rcp} = \vec{c}_2 + \vec{g}_{rcp} \cdot a \tag{4.3}$$

mit

$$\vec{g}_{rcp} = (\vec{n}_{gp} \times \vec{pc}) \times \vec{n}_{f,2}$$

und

$$\left| \vec{g}_{rcp} \right| = 1 \quad .$$

Mit d_{RCP} als Abstand von Zeige- und Mittelfinger zum Flächenschwerpunkt ergeben sich die Zielpositionen für Zeige- und Mittelfinger zu

$$\vec{p}_{rcp,index} = \vec{c}_2 - d_{RCP} \cdot \vec{g}_{rcp}$$
$$\vec{p}_{rcp,middle} = \vec{c}_2 + d_{RCP} \cdot \vec{g}_{rcp} \quad .$$

Zunächst werden dafür, abhängig von der aktuellen Rotation der Hand, $\vec{p}_{rcp,index}$ und $\vec{p}_{rcp,middle}$ so gesetzt, dass sie $\vec{c}_2$ in Richtung der Gelenkachsen der Fingergelenke mittig einschließen. Die Richtung aller Fingergelenkachsen stimmt überein, wie in Abb. 3.4b zu erkennen ist.

4. *Zielpositionen der sekundären RCPs*
   Die RCPs von Ringfinger und kleinem Finger werden als sekundäre RCPs bezeichnet, da sie nicht bei jedem Griff verwendet werden. Seien $\vec{a}_{ring}$ und $\vec{a}_{pinky}$ diejenigen normierten Richtungsvektoren, die vom Fingergelenk des Ringfingers bzw. des kleinen Fingers zur jeweiligen Fingerspitze zeigen und d_{ring} bzw. d_{pinky} die Verkürzung des jeweiligen Fingers im Vergleich zum Mittelfinger, so gilt für die Zielpositionen des Ringfingers und des kleinen Fingers:

$$\vec{p}_{rcp,ring} = \vec{p}_{rcp,middle} - d\vec{a} - d_{ring}\vec{a}_{ring}$$
$$\vec{p}_{rcp,pinky} = \vec{p}_{rcp,middle} - 2 \cdot d\vec{a} - d_{pinky}\vec{a}_{pinky} \quad .$$

Um zu ermitteln, ob Ringfinger und kleiner Finger an dem Griff mitwirken, werden die Zielpositionen in die Ebene E_2 projiziert, in welcher sich die Fläche f_2 befindet, siehe Gleichung Gl. 4.1. RCPs, deren Zielpunktprojektionen sich nicht innerhalb der Fläche f_2 befinden, wirken am Greifvorgang nicht mit. Dadurch sind bei Griffen mit kleinen Flächen f_2 lediglich Zeige- und Mittelfinger beteiligt, hingegen wirken bei größerer Ausdehnung von f_2 in Richtung $\vec{pc}$ auch Ringfinger und kleiner Finger mit.

Nach Bestimmung der Griffparameter kann der Griff ausgeführt und damit die Hypothese überprüft werden.

4.4 Durchführung des Griffs

Grundsätzlich kann ein Griff, der durch die in Abschn. 4.3 beschriebenen Parameter bestimmt ist, mit bekannten Bewegungsplanungsverfahren ausgeführt werden ([Latombe, 1991], [LaValle, 2006]). In dieser Arbeit wird hierfür ebenfalls eine potenzialfeldbasierte Methode eingesetzt. Dies hat den Vorteil, dass auf das in Kap. 3 vorgestellte Rahmenwerk zurückgegriffen werden kann.

Die Ausführung der Bewegung startet mit der Hand in einer initialen Konfiguration, welche stets nach einer großen Rekonfiguration eingenommen wird. Die Hand wird nun so ausgerichtet, dass der Daumen sich auf der Seite der kleineren der beiden Flächen befindet und die gegenüberliegenden Finger dementsprechend auf der Seite der größeren Fläche. Das weitere Vorgehen ist in Alg. 1 dargestellt, auf den sich die folgenden Zeilenverweise in der Form (Z. #) beziehen.

Die Bewegungen von TCP und den übrigen RCPs wird wie in Abschn. 3.5.5 von einer aktiven Regelung der Handorientierung überlagert (Z. 6). Für die Griffausführung wird der Vorzugsvektor $\vec{m}$ jedoch nicht nach Gl. 3.14 berechnet, sondern als

$$\vec{m} = \vec{gp} - \vec{p}_{tcp} \quad .$$

Für die Generierung von Bewegungen für den TCP und die RCPs wird wieder das Potenzialfeld verwendet. Im Gegensatz zur Explorationsphase teilen sich TCP und RCPs zwar die Menge abstoßender Potenzialquellen P_r, besitzen aber individuelle ein-elementige Mengen attraktiver Potenzialquellen und zwar die oben berechneten Zielpositionen für den TCP bzw. die einzelnen RCPs. P_r ist hierbei die Menge aller explorierten Kontaktpunkte, jedoch werden diejenigen Punkte gelöscht, welche sich in der Nähe einer Zielposition befinden.

Solange der TCP noch zu weit entfernt von seiner Zielposition ist, also die Bedingung in (Z. 10) nicht erfüllt ist, wird die Geschwindigkeitssteuerung durch das Potenzialfeld lediglich auf den TCP angewandt. Die Gelenke der Finger werden dabei durch die direkte Gelenkregelung komplett geöffnet gehalten (Z. 28).

Sobald der TCP nahe seinem Ziel ist, werden zusätzlich Geschwindigkeitsvektoren für die benutzten RCPs generiert (Z. 11). Wird ein RCP nicht verwendet, da seine korrespondierende anziehende Potenzialquelle nicht innerhalb der Fläche war und gelöscht wurde, so werden die Gelenke der zugehörigen Finger weiterhin geöffnet gehalten.

Befindet sich ein RCP in der Nähe seiner anziehenden Potenzialquelle (Z. 14), so wird sein generierter Geschwindigkeitsvektor verwendet, um die Zielposition $\vec{p}_{tcp}$ zu beeinflussen. Dafür wird anteilig die Projektion $\vec{v}_{rcp,i_{\downarrow gp}}$ von $\vec{v}_{rcp,i}$ in die durch den Normalenvektor $\vec{n}_{gp}$ definierte Hyperebene zum Versetzen von $\vec{p}_{tcp}$ benutzt (Z. 15). Dieses Vorgehen entspricht der in Abschn. 3.5.3 vorgestellten Zerlegung des RCP-Geschwindigkeitsvektors. Dadurch kann die Bewegung des TCP die Bewegungen der RCPs unterstützen, welche schon nahe an der Zielposition sind. Als weitere Einschränkung wird die Zielposition des TCP jedoch nur innerhalb der Greifebene versetzt.

Haben alle verwendeten RCPs ihre Soll-Position erreicht, werden die Finger geschlossen und die korrespondierenden Kontaktsensoren auf Kontakt mit dem Objekt überprüft (Z. 18). Sobald alle Sensoren der verwendeten RCPs einen Kontakt melden, wird die Steuerung durch das Potenzialfeld abgeschaltet und alle Fingergelenke

---

Algorithmus 1 Potenzialfeldgesteuertes Greifen.

Eingabe: Griffparameter $\vec{p}_{tcp}, \vec{p}_{rcp_{\{i,m,r,p\}}}$

Ausgabe: Gelenkwinkel $\Theta_{man,i} \quad i \in [0 \cdots 7]$ und $\Theta_{hand,j} \quad j \in [0 \cdots 7]$

    ObjectGrasped $\leftarrow 0$
    InitialisiereVMC();
    while $\neg$ObjectGrasped **do**
5:      RegeleHandOrientierung($\vec{m}$)
      $p_{ist,tcp} \Leftarrow$ VMCAuslesen()
      $\vec{v}_{tcp,soll} \Leftarrow$ BerechnePotenzialfeldTrajektorie()
      if $\left| \vec{p}_{tcp} - \vec{p}_{ist,tcp} \right| < \varepsilon_{tcp}$ **then**
        $\vec{v}_{rcp_{\{i,m,r,p\}},soll} \Leftarrow$ BerechnePotenzialfeldTrajektorie()
10:        $\dot{\Theta}_{hand,\{0\cdots7\},soll} \Leftarrow$ VMCAuslesen()
        $\vec{p}_{ist,rcp_{\{i,m,r,p\}}} \Leftarrow$ VMCAuslesen()
        if $\left| \vec{p}_{rcp_{\{i,m,r,p\}}} - \vec{p}_{ist,rcp_{\{i,m,r,p\}}} \right| < \varepsilon_{rcp,a}$ **then**
          $\vec{v}_{tcp,soll} \Leftarrow \vec{v}_{tcp,soll} +$ BerechneOrthogonaleRCPKomponente()
          if $\left| \vec{p}_{rcp_{\{i,m,r,p\}}} - \vec{p}_{ist,rcp_{\{i,m,r,p\}}} \right| < \varepsilon_{rcp,b}$ **then**
15:          $\dot{\Theta}_{hand,\{0\cdots7\},soll} \Leftarrow$ RegeleHandGelenkWinkel($\vec{v}_{close}$)
          if AlleSensorenInKontakt() **then**
            ObjectGrasped $= 1$
          else
            if TimeOut() **then**
20:              STOP {Griff gescheitert}
            end if
          end if
        end if
      end if
25:      **else** {TCP nicht nahe Ziel}
        $\dot{\Theta}_{hand,\{0\cdots7\},soll} =$ RegeleHandGelenkWinkel($\vec{0}$)
      end if

      $\Theta_{man,soll} \Leftarrow$ VMCAuslesen()
30:      $\Theta_{hand,0\cdots7,soll} \Leftarrow$ VMCAuslesen()
      AusgabeGelenkwinkel($\Theta_{man,soll}, \Theta_{hand,\{0\cdots7\},soll}$) {Roboter bewegen.}
      VMCBerechnung($\vec{v}_{tcp,soll}, \vec{v}_{rcp_{\{i,m,r,p\}},soll}, \dot{\Theta}_{hand,\{0\cdots7\},soll}$)

    end while

---

werden durch direkte Ansteuerung geschlossen. Werden nach dem Auslaufen einer festgelegten Zeitdauer nicht alle erforderlichen Sensorkontakte festgestellt, gilt der Griff als gescheitert (Z. 22).

4.5   Zusammenfassung

Die Generierung von Griffhypothesen ist eine unmittelbare Anwendung der haptischen Exploration. Dazu wird die im Laufe der Exploration erzeugte orientierte 3-D-Punktmenge als weiterer Teil der Prozesskette einer geometrischen Analyse unterzogen. In einem ersten Schritt werden planare Flächen als geometrische Merkmale aus der Punktmenge extrahiert. Aus diesen Flächen werden alle Kombinationen als initiale Griffhypothesen gebildet und durch einen vierstufigen geometrischen Filter bewertet. Die Filterstufen bewerten empirische objekt- und greiferabhängige Nebenbedingungen, die einen Griff möglich erscheinen lassen, mit einem Gütemaß. Aus den Griffhypothesen, die eine Mindestgüte erfüllen, können nun Griffparameter bestimmt werden. Mit dem Parametersatz können die Griffhypothesen mit dem Roboter ausgeführt und überprüft werden. Dazu wird ein potenzialfeldbasiertes Steuerungsverfahren eingesetzt.

Kapitel 5

Objektmodell aus haptischen Informationen

Eine weitere Anwendung der taktilen Exploration besteht in der geometrischen Modellbildung. Das zuvor beschriebene Explorationsverfahren liefert Explorationsdaten als orientierte 3-D-Punktmenge von unregelmäßiger Dichte. Aus diesen Rohdaten sollen Informationen über Größe und Form des explorierten Objektes extrahiert werden. Dafür ist die Bildung eines höherwertigen Objektmodells aus der vorliegenden Punktmenge erforderlich. In der Prozesskette aus Abb. 1.2 entspricht die Objektmodellierung einem weiteren Schritt, der auf die Bildung der orientierten 3-D-Punktmenge folgt.

Eine Vielzahl unterschiedlicher Objektmodelle wurde bereits entwickelt und untersucht, eine Übersicht hierzu findet sich beispielsweise in [Iyer et al., 2005]. Die Auswahl eines höherwertigen Objektmodells ist abhängig von der Art der zur Verfügung stehenden Objektinformationen sowie von den anwendungsspezifischen Anforderungen an das Modell. Für die geometrische Objektklassifikation bietet sich ein geometrisches Objektmodell an. In dieser Arbeit wird hierzu die Objektgeometrie mit Hilfe von Superquadrikfunktionen modelliert. Mit solchen Funktionen kann eine Vielzahl von dreidimensionalen geometrischen Primitiven dargestellt werden.

In Abschn. 5.1 wird die zur Modellierung aus den Explorationsdaten gewählte Superquadrikfunktion erläutert. Eine besondere Schwierigkeit beim Schätzen der Funktionsparameter entsteht, wenn der Funktionsraum durch die Daten ungleichmäßig repräsentiert ist. Bedingt durch das Explorationsverfahren trifft dies für die Punktmenge aus der Exploration zu. Zur Stabilisierung muss deshalb die Oberflächenorientierung in Form der geschätzten Kontaktnormalen als weitere

Information in die Funktionsschätzung miteinbezogen werden. Weiterhin muss sich das Schätzverfahren robust gegenüber Rauschen in den Explorationsdaten verhalten. Dazu wird in Abschn. 5.2 ein hybrides Schätzverfahren für Superquadrikfunktionen aus unregelmäßigen orientierten Punktmengen vorgestellt. Eine Evaluierung der Methode findet sich anschließend in Abschn. 5.3.

5.1 Das Superquadrikmodell

Das Konzept der Superquadriken wurde in [Barr, 1981] vorgestellt. Dabei handelt es sich um eine Menge geometrischer Funktionen: Superellipsoide, Superparaboloide, Superhyperboloide und Supertoroide. Darunter wurden die dreidimensionalen Superellipsoide zunächst oft im Bereich der Computergrafik und später allgemein zur Objektrepräsentation herangezogen. Sie werden in der Literatur häufig als *Superquadriken* bezeichnet, wie auch in dieser Arbeit.

Eine an den Koordinatenachsen ausgerichtete Superquadrik im Ursprung des Koordinatensystems wird durch fünf Parameter mit folgender Gleichung beschrieben:

$$\chi(\eta, \omega) = \begin{pmatrix} a_1 \cos^{\varepsilon_1}(\eta) \cos^{\varepsilon_2}(\omega) \\ a_2 \cos^{\varepsilon_1}(\eta) \sin^{\varepsilon_2}(\omega) \\ a_3 \sin^{\varepsilon_1}(\eta) \end{pmatrix} \quad , \tag{5.1}$$

für $-\frac{\pi}{2} \leq \eta < \frac{\pi}{2}$ und $-\pi \leq \omega < \pi$. Die Parameter a_1, a_2, a_3 beschreiben die Größe der Superquadrik in Richtung der drei Raumachsen. Die Exponenten $\{\varepsilon_1, \varepsilon_2 \in [0\dots1]\}$ bestimmen die Schärfe des Kantenverlaufs der Figur in zwei Ausdehnungsrichtungen und lassen die Figur rund oder eckig wirken, siehe Abb. 5.1. Es können verschiedene Arten von Figuren modelliert werden, z. B. Quader $(\varepsilon_1, \varepsilon_2 \approx 0)$, Zylinder $(\varepsilon_1 = 1, \varepsilon_2 \approx 0)$ oder Ellipsoide $(\varepsilon_1, \varepsilon_2 = 1)$.

Die Modellfunktion muss die transformationsinvariante Repräsentation der Objektgeometrie ermöglichen. Daher wird die Funktion Gl. 5.1 um eine Translation $\mathbf{x_0}$ und eine Rotation $\mathbf{R}$ ergänzt. Darüber hinaus wird das Modell um den Freiheitsgrad der Verjüngung (engl. *Tapering*) erweitert, um eine einfache globale Deformation D_t repräsentieren zu können. Bei der in [Solina und Bajcsy, 1990] beschriebenen Verjüngungsdeformation handelt es sich um eine lineare Verjüngung der Super-

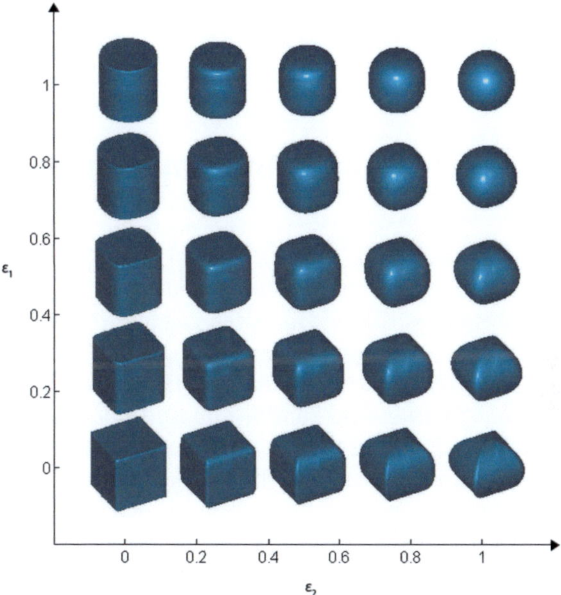

Abb. 5.1: Verschiedene Objektgeometrien, die durch Superquadriken dargestellt
werden können.

quadrik entlang ihrer z-Achse. Sie wird mit den Parametern $\{t_x, t_y \in [-1\dots 1]\}$
beschrieben durch

$$D_t(x,y,z) = \begin{pmatrix} (t_x \frac{z}{a_3} + 1)x \\ (t_y \frac{z}{a_3} + 1)y \\ z \end{pmatrix} \quad . \tag{5.2}$$

Damit ergibt sich die gesamte Modellfunktion zu

$$\mathbf{x} = \mathbf{R}D_t(\chi(\eta, \omega)) + \mathbf{x_0} \quad . \tag{5.3}$$

Die Normalenvektoren an der Oberfläche der Superquadrik werden nach
[Barr, 1981] mit

$$v(\eta, \omega) = \frac{\partial \chi}{\partial \eta} \times \frac{\partial \chi}{\partial \omega} \tag{5.4}$$

bestimmt.

Weitere 3-D-Objektgeometrien, die durch dieses erweiterte Modell nicht reprä-sentiert werden können, lassen sich prinzipiell durch Segmentierungsverfahren erfassen [Chevalier und Jaillet, 2003]. Diese werden jedoch im Rahmen dieser Arbeit nicht betrachtet.

5.2 Hybride Schätzung von Superquadrikfunktionen

Um das Modell auf Basis einer orientierten Punktmenge schätzen zu können, wird der Gesamtfehler der vorliegenden Daten gegenüber der Schätzung in ei-nem Optimierungsprozess minimiert. Dazu wird der Fehler als Distanzmetrik zwischen Punkten und Oberfläche der geschätzten Funktion in jeder Iteration der Optimierung bestimmt. Hierfür wird zunächst im folgenden Abschnitt eine Feh-lerfunktion definiert. Anschließend wird in Abschn. 5.2.3 das entwickelte robuste Minimierungsverfahren zur Schätzung der Superquadrikparameter aus orientierten Punktmengen vorgestellt.

5.2.1 Fehlerfunktion

Die Parameter des Superquadrikmodells aus Gl. 5.3 sind so zu bestimmen, dass die Punkt-Normalen-Paare der orientierten Punktmenge möglichst auf oder nahe der Superquadrikoberfläche liegen. Der zu schätzende Parametervektor für das Modell Gl. 5.3 ergibt sich zu

$$\mathbf{v} = \left(\mathbf{v_s}^T, \ \mathbf{v_m}^T, \ \mathbf{v_r}^T, \ \mathbf{v_t}^T \right)^T \quad , \tag{5.5}$$

mit den Komponenten

Größe und Form	$\mathbf{v_s}$	$= (a_1, a_2, a_3, \varepsilon_1, \varepsilon_2)^T \,,$
Translation	$\mathbf{v_m}$	$= (x_0, y_0, z_0)^T \,,$
Rotation	$\mathbf{v_r}$	$= (\varphi, \vartheta, \psi)^T \,,$
Verjüngung	$\mathbf{v_t}$	$= (t_x, t_y)^T \,.$

Zur Berechnung des Fehlers zwischen dem Modell und der orientierten Punktmenge wird idealerweise für jeden Punkt $\mathbf{p_i} \in P$ die radiale euklidische Distanz zu einem zugeordneten Punkt $\mathbf{p_i'}$ der geschätzten Modellfunktion bestimmt. Hierbei ist $\mathbf{p_i'}$ der Schnittpunkt der Gerade zwischen $\mathbf{p_i}$ und dem Mittelpunkt der Superquadrik an deren Oberfläche, vgl. Abb. 5.2.

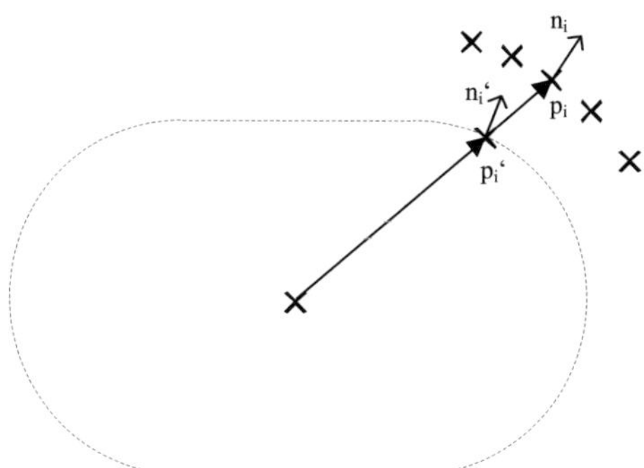

Abb. 5.2: Ebene Projektion: Kontaktpunkte und Normalenvektoren sowie entsprechende Superquadrik-Schätzung.

Zu jedem Kontaktpunkt $\mathbf{p_i} = (x_i,\ y_i,\ z_i)^T$ wird für einen Parametervektor $\mathbf{v}_{est}$, der entsprechend Gl. 5.5 zusammengesetzt ist, das von Gross und Boult vorgeschlagene Fehlermaß [Gross und Boult, 1988] berechnet:

$$D_{i,1} = \left\| \mathbf{p_i} - \mathbf{p_i'} \right\| \tag{5.6}$$

mit

$$\mathbf{p_i'} = \chi\left(\eta\left(p_i, \mathbf{v}_{est} \right), \omega\left(p_i, \mathbf{v}_{est} \right) \right) \tag{5.7}$$

und

$$\eta(p_i, \mathbf{v}_{est}) = \tan^{-1}\left(\left(\frac{a_1 \cdot y_i}{a_2 \cdot x_i} \right)^{\frac{1}{\varepsilon_2}} \right), \quad \omega(p_i, \mathbf{v}_{est}) = \tan^{-1}\left(\left(\frac{a_1 \cdot z_i}{a_3 \cdot x_i} \right)^{\frac{1}{\varepsilon_1}} \right) . \tag{5.8}$$

Im Rahmen dieser Arbeit wurde folgendes Fehlermaß für die Normalenorientierung entwickelt [Gubarev, 2008]. Jedem Normalenvektor $\mathbf{n_i} \in N$ wird nach Gl. 5.4 und Gl. 5.8 die Oberflächenorientierung $\mathbf{n_i'} = v\left(\eta\left(n_i, \mathbf{v}_{est} \right), \omega\left(n_i, \mathbf{v}_{est} \right) \right)$ zugeordnet. Damit wird das Fehlermaß für die Orientierung der Kontaktnormalen durch

$$D_{i,2} = \left\| \frac{\mathbf{n_i}}{\|\mathbf{n_i}\|} - \frac{\mathbf{n_i'}}{\|\mathbf{n_i'}\|} \right\|^2 \tag{5.9}$$

berechnet.

Die zusammengesetzte Fehlerfunktion für k Kontaktpunkte mit Normaleninformation ist durch

$$D = \frac{1}{k} \sum_{i=1}^{k} \left(D_{i,1} + \lambda\, \sigma D_{i,2} \right)^2 \tag{5.10}$$

definiert, wobei $\sigma = (a_1 + a_2 + a_3)/3$ ein Normalisierungsfaktor ist, um die Vektordifferenz unabhängig von der Größe der Superquadrik zu machen [Wu und Levine, 1994]. λ ist ein Gewichtungsfaktor zwischen Punkt- und Normalenfehler in der Gesamtfehlerfunktion.

5.2.2 Initialschätzung der Modellparameter

Zur Schätzung der Parameter von Superquadrikfunktionen ist in der Regel ein Startvektor für die Parameter erforderlich. Je nach gewähltem Optimierungsverfahren bestimmt dieser mehr oder weniger die Qualität des Schätzergebnisses. Zudem führt ein gut gewählter Startvektor in der Regel zu kürzeren Laufzeiten der Optimierung. In dieser Arbeit wird zur Initialschätzung des Startvektors mit einer 3-D-Punktmenge folgendes Vorgehen angewandt:

1. Der Mittelpunkt $\mathbf{x_0}$ wird als geometrischer Schwerpunkt der Punktmenge gewählt.

2. Die initiale Schätzung der Ausdehnungsparameter $(a_1, a_2, a_3)^T$ entspricht der Größe der *Bounding Box* (BB) der 3-D-Punktmenge entlang der kartesischen Achsen.

3. Die Rotationsmatrix $\mathbf{R}$ wird initial durch Hauptkomponentenanalyse der 3-D-Punktmenge bestimmt. Die initiale Rotationsmatrix entspricht der Matrix der Eigenvektoren der Kovarianzmatrix der Punktmengendaten.

4. Initiale Formparameter werden zu $\{\varepsilon_1, \varepsilon_2 = 1\}$ (Ellipsoid) gewählt.

5. Initiale Tapering-Koeffizienten werden zu $\{t_x, t_y = 0\}$ (keine Verjüngung) gewählt.

5.2.3 Auswahl des Minimierungsverfahrens

Bei der durch Gl. 5.10 definierten Fehlerfunktion handelt es sich um ein skalares nichtlineares Problem mit Nebenbedingungen, denn D ist skalar definiert und der Parameterraum begrenzt. Häufig wird zur Lösung solcher Probleme auf eine nichtlineare *Least-Squares*-Minimierung zurückgegriffen, im Folgenden als NLLSM (Abk. engl. *Non-Linear-Least-Squares Minimization*) bezeichnet. Zur numerischen Berechnung wird der Levenberg-Marquardt-Algorithmus eingesetzt [Marquardt, 1963].

Das Verfahren ist zur Schätzung aus dichten, regelmäßigen Punktmengen geeignet, wie sie aus dichten Tiefenbildern erzeugt werden [Solina und Bajcsy, 1990]. Der Hauptnachteil des Verfahrens liegt darin, dass nur das lokale Minimum in der Nähe der Anfangsschätzung bestimmt wird. Sind die vorliegenden Punktmengendaten unregelmäßig verteilt oder mit Rauschen behaftet, ist dieses lokale Minimum nicht notwendigerweise in der Nähe des globalen Minimums. Bei dünnen Punktmengen ist es daher schwierig zu gewährleisten, dass die Anfangsschätzung in ausreichender Nähe zum globalen Minimum liegt.

Eine weitere Methode zur nichtlinearen Optimierung stellt das *Simulated Annealing* Verfahren dar [Kirkpatrick et al., 1983], das auch für die Schätzung von Superquadrikmodellen aus Punktmengendaten herangezogen wurde [Yokoya et al., 1992]. Im Versuch konnte sich diese Methode jedoch in ihrer Leistungsfähigkeit nicht von NLLSM abheben und erforderte im Gegenteil sogar höhere Rechenressourcen, vgl. [Gubarev, 2008].

Im Unterschied zu beiden zuvor genannten lokalen Optimierungsmethoden sind *genetische Algorithmen* (kurz: GA) dazu geeignet, eine Lösung in der Nähe des globalen Minimums zu ermitteln, auch wenn die Fehlerfunktion zahlreiche lokale Minima aufweist [Holland, 1992]. Diese Fähigkeit erkauft man sich jedoch um den Preis der Laufzeit. Die Konvergenzgeschwindigkeit ist aufgrund zahlreicher Zufallsoperationen gering. Darüber hinaus wird in jeder Iteration nicht nur ein einzelner Parametersatz, sondern eine ganze Familie ausgewertet.

5.2.4 Hybride Minimierung

Aufgrund der ergänzenden Stärken von GAs und NLLSM bei der nichtlinearen Optimierung bietet es sich an, beide Verfahren vorteilsgewinnend zu verbinden.

Eine sinnvolle Verbindung besteht darin, das globale Minimum hinreichend nahe mit GAs zu approximieren und das Ergebnis mit NLLSM zu präzisieren. Mit dieser Aufteilung können die jeweiligen Stärken der beiden Verfahren bezüglich Genauigkeit und Laufzeit ausgeschöpft werden.

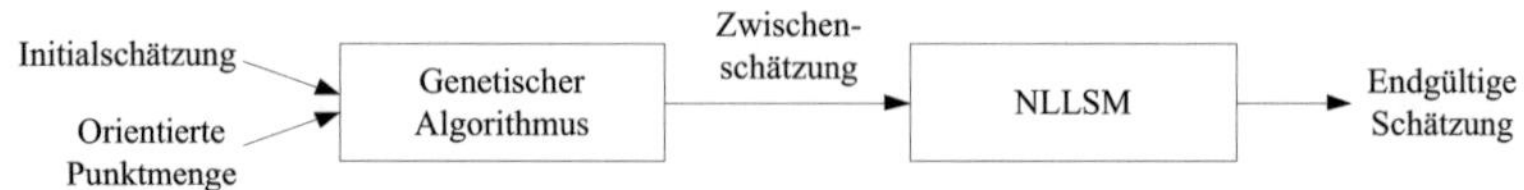

Abb. 5.3: Ablaufdiagramm zur hybriden Minimierung.

In [Sinnott und Howard, 2001] wurde ein hybrides Verfahren für die Schätzung von Superquadriken mit globalen Deformationen vorgestellt. Die Ergebnisse der Experimente zeigen, dass dieses zusammengesetzte Verfahren hinsichtlich der Qualität sehr gut abschneidet. Im Unterschied zum vorliegenden Problem wurden hier jedoch lediglich gleichmäßig verteilte dichte Kontaktpunkte der Objektoberfläche ohne Normaleninformation zur Schätzung herangezogen. Unter diesen Bedingungen überwiegen jedoch die Laufzeitnachteile des GA gegenüber dem erzielten Vorteil bei der Genauigkeit.

Für dünne, unregelmäßige orientierte Punktmengen, wie sie durch haptische Exploration gewonnen werden, bietet sich hingegen der Einsatz eines hybriden Verfahrens an, vgl. Abb. 5.3.

Ein wichtiger Einstellungsparameter des hybriden Algorithmus liegt in der Definition des Abbruchkriteriums für den GA. Für die Schätzung des Superquadrikmodells bieten sich kleine Restfehler, eine Zeitbegrenzung oder eine festgelegte Iterationsanzahl als Abbruchkriterium an.

5.3 Evaluierung der Algorithmen

Zur Evaluierung der in Abschn. 5.2.4 vorgestellten Methode sollen wirklichkeitsnahe Referenzdaten in Form von orientierten Punktmengen generiert werden, aus denen die Parameter des Superquadrikmodells geschätzt werden. Im folgenden Abschnitt wird das Vorgehen zur Erzeugung der Referenzdaten beschrieben. In Abschn. 5.3.2 werden darüber hinaus Qualitätsmaße zum Vergleich der Leistungsfähigkeit der Algorithmen definiert.

5.3.1 Generierung von Referenzdaten

Die Referenzmodelle sind einfache konvexe Testobjekte, welche durch Superquadriken $\chi(\mathbf{v})$ mit dem Parametervektor $\mathbf{v}$ gemäß Gl. 5.5 dargestellt werden. Aus der haptischen Exploration sind meistens nur vereinzelte zusammenhängende Bereiche des Objekts in der Punktmenge repräsentiert. Diese Regionen können von unterschiedlicher lokaler Geometrie sein. Mit der potenzialfeldbasierten Explorationsmethode entstehen bei Berücksichtigung des Kontaktzustandes häufig streifenförmige Abtastmuster, vgl. Abschn. 3.5.4. In Regionen mit großer Oberflächenkrümmung können oftmals nur begrenzte fleckförmige Bereiche exploriert werden. Der Testdatensatz wird daher aus Kompositionen der folgenden beiden Abtastmuster erzeugt, mit denen die Referenzmodelle abgetastet werden:

1. Ein *Streifen*, dargestellt in Abb. 5.4a (rechts), repräsentiert die Bewegung eines Fingers entlang einer Trajektorie. Diese wird als Linie im (η, ω) Raum mit Anfangskoordinaten $(\eta_a, \omega_a)^\mathsf{T}$ und Endkoordinaten $(\eta_e, \omega_e)^\mathsf{T}$ dargestellt. Ein weiterer Parameter ist die Anzahl der Abtastwerte N entlang dieser Linie. In der Realität hängt dieser Parameter vom Aufbau der taktilen Sensorik sowie der Explorationsgeschwindigkeit ab. Es werden die Punkte $(\eta_1, \omega_1)^\mathsf{T} \ldots (\eta_N, \omega_N)^\mathsf{T}$ generiert, mit

$$(\eta_i, \omega_i)^\mathsf{T} = (\eta_a + (\eta_e - \eta_a)\frac{i-1}{N-1}, \omega_a + (\omega_e - \omega_a)\frac{i-1}{N-1})^\mathsf{T} \quad .$$

   Diese Winkelkoordinaten werden durch uniforme Parametrisierung nach [Bardinet et al., 1998] transformiert. Nach Abtastung der Superquadrikfunktion an den transformierten Koordinaten erhält man Kontaktpunkte mit Normaleninformation entlang der streifenförmigen Region der Superquadrik.

2. Ein *Fleck*, dargestellt in Abb. 5.4a (links), repräsentiert eine annähernd kreisförmige Region auf dem Objekt, wie sie durch Exploration in Bereichen starker Oberflächenkrümmung zustande kommen kann. In solchen Bereichen können linienförmige Trajektorien, wie sie bei der potenzialfeldbasierten Exploration entstehen, nicht ausgeführt werden. Beispiel für solche Bereiche sind Ecken oder scharfe Kanten. Die Oberfläche wird hier in einem begrenzten Bereich an zufällig gewählten Punkten abgetastet. Der Bereich wird durch ein rechteckförmiges Intervall im (η, ω)-Raum mit Eckkoordi-

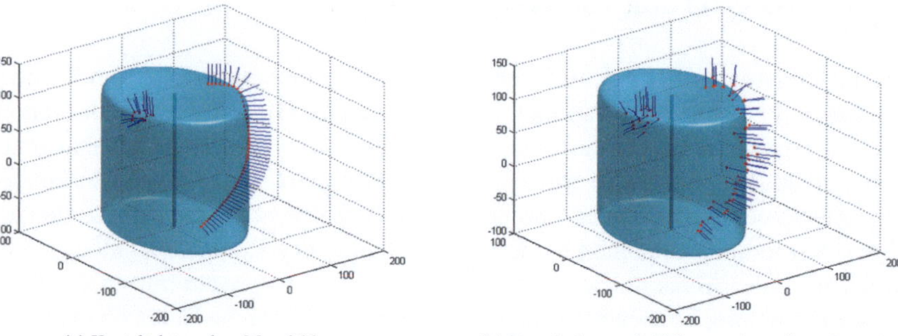

(a) Kontaktdaten ohne Messfehler.   (b) Kontaktdaten mit 10% normalverteiltem Rauschen.

Abb. 5.4: Ein Beispiel für Explorationsergebnisse: ein *Streifen* und eine *ungenaue Stelle* mit Kontaktkoordinaten und Oberflächenorientierung.

naten $(\eta_a, \omega_a)^\mathsf{T}$ und $(\eta_e, \omega_e)^\mathsf{T}$ beschrieben. Es werden wiederum N Punkte innerhalb des Intervalls zufällig nach einer Normalverteilung ausgewählt:

$$\eta_i \in (\eta_a, \eta_e)$$
$$\omega_i \in (\omega_a, \omega_e) \quad .$$

An diesen Koordinaten werden, analog zum Vorgehen beim streifenförmigen Abtastmuster, Oberflächenpunkte und Normalvektoren abgetastet.

In einem weiteren Schritt werden die erzeugten Testdaten mit einem künstlichen Messfehler versehen, welcher die Ungenauigkeit des Explorationsprozesses simulieren soll. Die Ursachen des Messfehlers setzen sich in der Realität vor allem aus dem Fehler der Positionsbestimmung durch die kinematische Kette bei Detektion eines Kontaktes sowie aus dem zeitlichen Versatz der taktilen und propriozeptiven Sensordaten zusammen. Diese Messfehler werden vereinfacht mit einer Normalverteilung erzeugt. Die derart verrauschten Referenzdaten werden zur Evaluierung mit den unterschiedlichen Algorithmen verarbeitet.

5.3.2   Qualitätsmaße

Zum Vergleich der Leistungsfähigkeit von Algorithmen zur Schätzung von Superquadrikmodellen genügt es nicht, den geschätzten Parametervektor mit einem Referenzvektor zu vergleichen. Da die Superquadrikoberfläche oftmals Symmetrien enthält, kann es unter verschiedenen Transformationen zu Mehrdeutigkeiten kommen. Auch andere Parameter führen zu Mehrdeutigkeiten der Darstellung [Solina und Bajcsy, 1990].

Deshalb verwenden mehrere Untersuchungen ([Bardinet et al., 1998], [Gross und Boult, 1988], [Sinnott und Howard, 2001], [Solina und Bajcsy, 1990], [Wu und Levine, 1994], [Yokoya et al., 1992]) den Restfehler D als Maß für die Qualität der Schätzung. Jedoch ist dieses Maß abhängig vom Messfehler in den Daten, denn mit zunehmendem Messfehler der Ausgangsdaten verschlechtert sich der Restfehler ebenfalls. Beim Vergleich verschiedener Algorithmen kommt erschwerend hinzu, dass diese unterschiedliche Fehlerfunktionen verwenden.

Bei Einsatz des Verfahrens mit dünnen Punktmengen sollte zudem prüfbar sein, wie repräsentativ eine Punktmenge für das zugehörige Objekt ist.

Die Algorithmen werden daher anhand zweier verschiedener Qualitätsmaße bewertet [Bierbaum et al., 2008b]:

1. Die Qualität der Optimierung durch einen Algorithmus wird mit

$$\mu = \frac{D(\mathbf{v}_{est})}{D(\mathbf{v}) + 1} \tag{5.11}$$

bewertet. Hierbei ist $D(\mathbf{v}_{est})$ der Restfehler der Schätzung nach Gl. 5.10. Durch $D(\mathbf{v})$ wird der Referenzfehler $D(\mathbf{v})$ des Referenzmodells mit dem Parametervektor $\mathbf{v}$ nach Gl. 5.10 definiert, vgl. Abschn. 5.3.1. Für Algorithmen, die ausschließlich auf Kontaktkoordinaten basieren gilt in Gl. 5.10

$$D_{i,2} = 0 \quad , i \in 0 \ldots k \quad .$$

Da jedes Referenzmodell als Superquadrikfunktion $\chi(\mathbf{v})$ generiert wird, ist garantiert, dass wenigstens eine Lösung mit einem Restfehlerwert $D(\mathbf{v}_{est}) \leq D(\mathbf{v}_v)$ existiert.

Aus $\mu > 1$ lässt sich schließen, dass der geschätzte Parametervektor $\mathbf{v}_{est}$ nicht dem Optimum $\mathbf{v}$ entspricht.

Ein Wert von $\mu \approx 1$ bedeutet, dass die Optimierung erfolgreich war. Jedoch kann keine Aussage über die Ähnlichkeit der ermittelten Lösung $\mathbf{v}_{est}$ zur Referenzlösung $\mathbf{v}$ gemacht werden, da die Parameter nicht eindeutig durch D in Gl. 5.10 abgebildet werden.

Ein Wert von $\mu \ll 1$ bedeutet, dass die Lösung in den Punkten des Testdatensatzes dem Referenzmodell entspricht, aber dennoch nur bedingte Ähnlichkeit mit dem Referenzmodell aufweist. Dies ist ein Indiz dafür, dass die gewählten Punkte nicht repräsentativ genug sind. In diesem Fall müssen mehr Kontaktdaten für die Schätzung hinzugefügt werden, besonders solche aus noch nicht erfassten Regionen der Objektoberfläche.

Durch Summierung von $D(S_e)$ mit 1 im Nenner von Gl. 5.11 wird die Gültigkeit des Maßes bei unverrauschten Daten (d. h. $D(S_e) = 0$) garantiert. In diesem Fall wird $\mu = D(S_t)$.

2. Zwei weitere Bewertungskriterien bewerten die Volumenähnlichkeit zwischen dem Referenzmodell und dem geschätzten Superquadrikmodell durch Bestimmung des Schnittmengenvolumens, vgl. Abb. 5.5:

   - Der α-Fehler oder *Falsche Positive*-Kennwert repräsentiert die Teilmenge des Volumens des geschätzten Modells, die nicht zugleich Teilmenge des Referenzmodells ist,

$$\alpha = \frac{V(\{p|p \in S_e \wedge p \notin S_t\})}{V(S_e)} \quad .$$

(5.12)

   - Der β-Fehler oder *Falsche Negative*-Kennwert repräsentiert die Teilmenge des Volumens des Referenzmodells, die nicht zugleich Teil des geschätzten Modells ist,

$$\beta = \frac{V(\{p|p \in S_t \wedge p \notin S_e\})}{V(S_t)} \quad .$$

(5.13)

Die Berechnung des Schnittmengenvolumens zweier Superquadriken erfolgt mit einer im Rahmen der Arbeit entwickelten numerischen Methode [Gubarev, 2008]. Eine analytische Lösung existiert für dieses Problem nicht.

Die α- und β-Fehler werden zu einem gemeinsamen Qualitätsmaß mit gleicher Gewichtung der Fehler kombiniert,

$$\varepsilon = \frac{1}{2}(\alpha + \beta) \quad .$$

(5.14)

5.3.3 Auswertung

Zur Evaluierung wurde das in Abschn. 5.2 entwickelte Verfahren für die Superquadrik-Schätzung mit dem verbreiteten NLLSM-Ansatz unter Verwendung der Testdaten aus Abschn. 5.3.1 verglichen. Im Einzelnen wurden folgende Kombinationen aus Testdaten und Algorithmen ausgewertet:

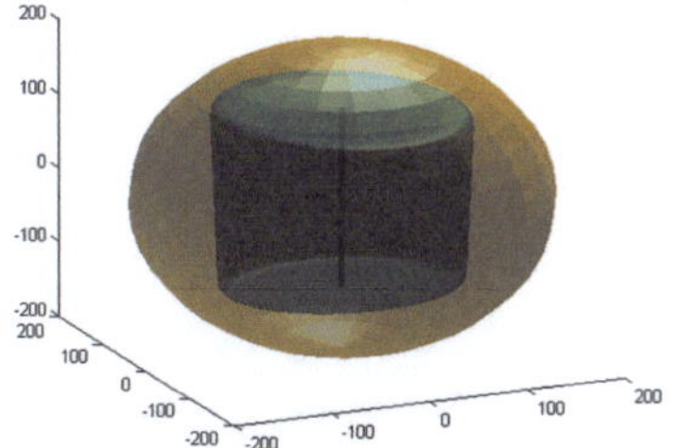

(a) Das Referenzmodell ist vollständig durch die Schätzung abgedeckt, $\beta = 0$ und $\alpha \gg 0$

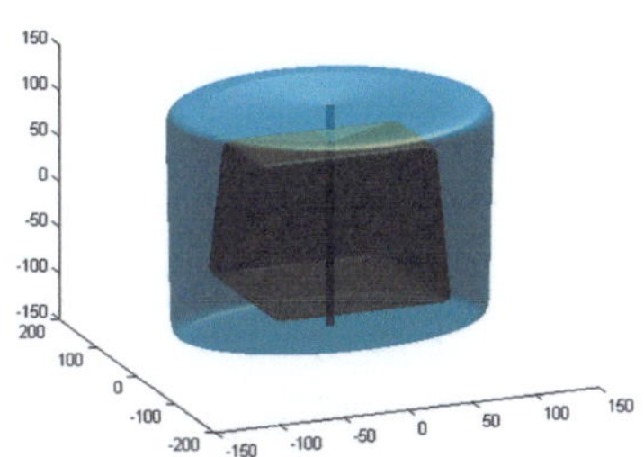

(b) Die Schätzung enthält keine Punkte, die nicht Teil des Referenzmodells sind, $\alpha = 0$ und $\beta \gg 0$

Abb. 5.5: Beispiele für zwei Fehlertypen bei der Schätzung. Blau: Referenzmodell, Orange: geschätztes Modell.

Testdaten	Algorithmus	Kurzbezeichnung
Punktmenge	NLLSM	LS
Punktmenge	Hybrider Ansatz aus GA und NLLSM	H
Orientierte Punktmenge	NLLSM	nLS
Orientierte Punktmenge	Hybrider Ansatz aus GA und NLLSM	nH

Für die Versuche wurden, falls nicht anders angegeben, folgende Parameter verwendet:

1. Es wurden Testdaten nach Abschn. 5.3.1 für vier verschiedene Referenzmodelle erzeugt. Jeder Datensatz enthält 150-200 Datenpunkte, die sich aus jeweils 3 bis 5 Regionen zusammensetzen. In Zeile 1 von Abb. 5.6 sind die vier Referenzmodelle transparent dargestellt, die Testdaten sind als orientierte Punktmenge zu erkennen.

2. Der künstliche Messfehler der Testdaten wird mit einer Standardabweichung von $\sigma_N = 10\%$ erzeugt.

3. Zur Kombination von Punktkoordinaten und Normaleninformation in der Fehlerfunktion Gl. 5.10 wird $\lambda = 0{,}5$ festgelegt.

4. Als Abbruchkriterium wird eine maximale Laufzeit entsprechend $N_{max} =$ 10000 Evaluierungsschritten, d. h. Berechnungen der Fehlerfunktion, festgelegt.

5. Beim hybriden Verfahren werden dem GA 80% der Evaluierungsschrittmenge N_{max} und NLLSM 20% von N_{max} zugewiesen. Falls der GA vor Ablauf dieser Schrittanzahl konvergiert, wird NLLSM die übrige Schrittmenge zur Verfügung gestellt.

6. Bei der GA-Implementierung beträgt die Populationsgröße 100 Chromosomen. Die Mutations- und Crossoverraten wurden wie folgt gewählt [GOTB, 2011]: Anfangsmutationsrate 0,5, Schrumpfung 75%, Crossover wird auf 80% aller Nachkommen jeder Generation angewendet.

Abb. 5.6 zeigt die vier Beispiele zum Vergleich der Verfahren. In Abb. 5.6a und Abb. 5.6b ist erkennbar, wie die Normaleninformation die Schätzung bei den Algorithmen nLS und nH stabilisiert und zu besseren Ergebnissen als bei LS und H führt.

Bei den Testdaten in Abb. 5.6c und Abb. 5.6d kann keine geeignete Initialschätzung aus der Punktmenge erzeugt werden. Daher terminieren die NLLSM-Algorithmen LS und nLS bei einer Lösung, die von den Parametern des Referenzmodells weit entfernt ist. Auch der ausschließlich punktbasierte hybride Algorithmus findet die Parameter des Referenzmodells nicht annähernd.

Der im Rahmen dieser Arbeit entwickelte kombinierte Ansatz zur hybriden Schätzung aus orientierten Punktmengen nH findet im Vergleich die genaueste Form- und Volumenschätzung des Referenzmodells. Er zeichnet sich durch große Robustheit gegenüber Unregelmäßigkeiten und Messfehlern in den Testdaten aus.

Neben der erreichten Qualität der Schätzung wurde auch das Konvergenzverhalten sowie der Einfluss des Messfehlers betrachtet, siehe Abb. 5.7. Die Auswertung der Qualitätsmerkmale μ und ε über die Zahl der Evaluierungsschritte n in Abb. 5.7a und Abb. 5.7b erfolgte mit dem zylinderförmigen Modell, dargestellt in Zeile 3 von Abb. 5.6.

Die Auswertung der Qualitätsmerkmale μ und ε in Abhängigkeit von der Standardabweichung σ_N des Messfehlers in Abb. 5.7c und Abb. 5.7d erfolgte mit dem würfelförmigen Modell, dargestellt in Zeile 2 von Abb. 5.6.

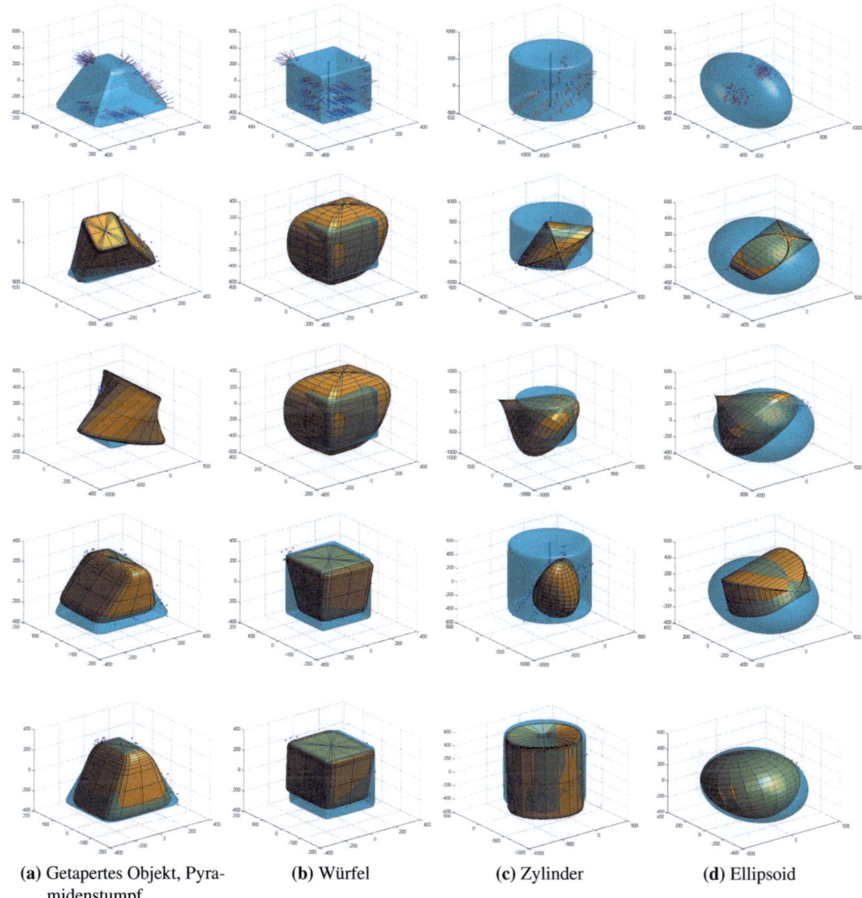

(a) Getapertes Objekt, Pyramidenstumpf (b) Würfel (c) Zylinder (d) Ellipsoid

Abb. 5.6: Schätzergebnisse für verschiedene Referenzdaten und Verfahren. Von oben nach unten: Originalfigur, *LS*, *H*, *nLS*, *nH*. Geschätzte Objekte sind orange gefärbt und überlagern die blauen Originalfiguren.

5.4 Zusammenfassung

Eine wichtige Anwendung der haptischen Exploration ist die geometrische Modellbildung auf Basis der gewonnenen Kontaktpunktmengen. In diesem Kapitel wurde ein geometrisches Modell auf Basis von Superquadrikfunktionen vorgestellt. Die

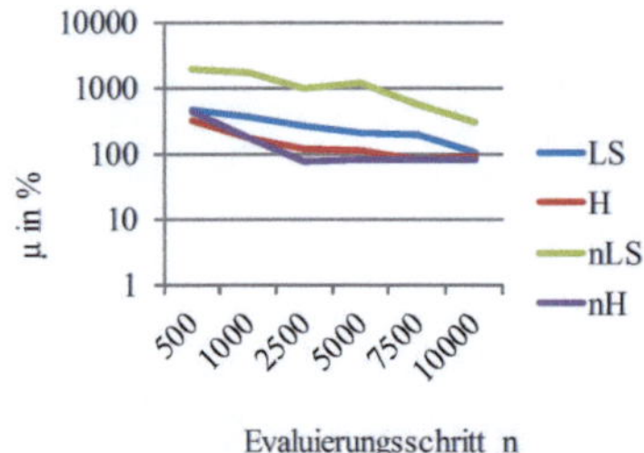

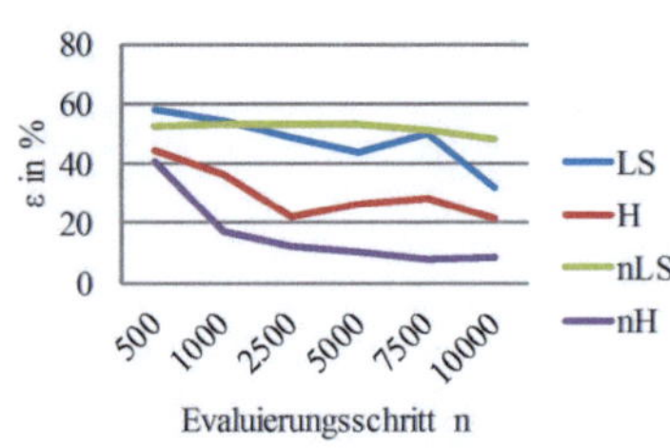

(a) *LS* und *nLS* benötigen wesentlich mehr Evaluierungsschritte, um gleiche Optimierungsergebnisse
wie die hybriden Verfahren *H* und *nH* zu erzielen.

(b) *nH* erreicht eine größere Volumenähnlichkeit als *H*,
wie der Verlauf von ε zeigt.

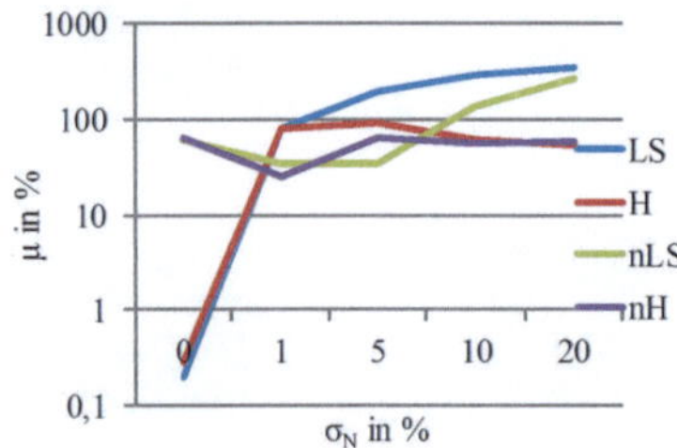

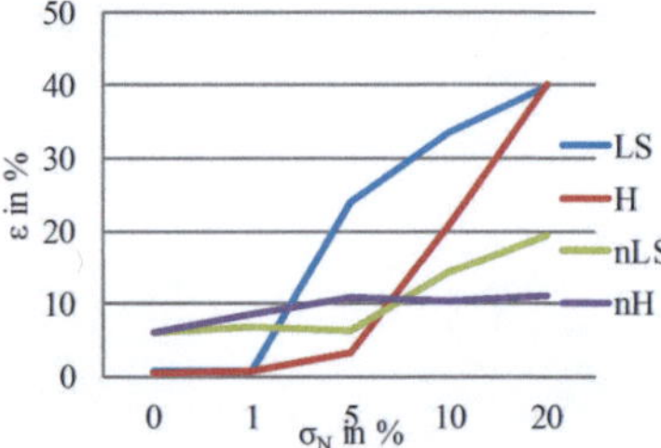

(c) Die hybriden Verfahren *H* und *nH* verhalten sich
robuster bei höheren Messfehlern.

(d) Die zusätzliche Normaleninformation bewirkt eine
größere Volumenähnlichkeit mit *nH* und *nLS* bei
größerem σ_N.

Abb. 5.7: Verlauf der Qualitätsmerkmale der untersuchten Algorithmen (oben),
Einfluss des Messfehlers mit Standardabweichung σ_N auf das Endergeb-
nis (unten).

Superquadrikparameter geben direkt Auskunft über Ausdehnung, Form und Lage
des Objektes.

Zum Schätzen der Parameter des Modells wurde eine hybride Methode entwi-
ckelt, die einen genetischen Algorithmus mit einem nichtlinearen *Least-Squares*-
Verfahren kombiniert und sowohl Positions- wie auch Normaleninformation der
Kontaktpunktmenge berücksichtigt.

Die Methode wurde mit anderen relevanten Ansätzen unter Verwendung von künst-
lich erzeugten, verrauschten Kontaktdaten verglichen und bewertet. Die entwickelte
hybride Methode eignet sich demnach besonders für dünne, orientierte Punktmengen, wie sie bei dem in Kap. 3 entwickelten Explorationsverfahren erzeugt werden.

Kapitel 6

Sensorsystem und Regelung für eine anthropomorphe Hand

Die Umsetzung der potenzialfeldbasierten Explorationsmethode aus Kap. 3 für eine anthropomorphe Roboterhand erfordert eine technische Lösung zur Positionsregelung der Fingergelenke. Hierfür ist ein haptisches Sensorsystem in der Roboterhand erforderlich, mit dem die Konfiguration der Finger erfasst werden kann.

Um Objekte und Roboterhand während der Exploration vor zu großer Krafteinwirkung zu schützen, ist die Regelbarkeit bzw. Begrenzung von Kontaktkräften und Momenten wünschenswert. Neben der Möglichkeit von Beschädigungen an Hand oder Objekt besteht hier die Gefahr der Szenendestabilisierung durch Lageveränderung des Objektes. Solche Szenenveränderungen können ohne aufwändigen Registrierungsprozess nicht kompensiert werden. Um eine direkte Kraftregelung mit den Aktoren zu ermöglichen, ist als weitere Komponente der propriozeptiven Sensorik ein Kraftsensorsystem erforderlich. Für die Lokalisierung von Kontakten muss ein taktiles Sensorsystem vorgesehen werden.

In diesem Kapitel wird die Erweiterung der FRH-4-Roboterhand um ein vollständiges haptisches Sensorsystem einschließlich eines Steuerungsmodul zur Kraft- und Positionsregelung der Fingergelenke vorgestellt. Eine grundlegende Beschreibung der Eigenschaften dieser anthropomorphen Roboterhand findet sich in Anhang B. Die Kinematik der Hand wurde bereits in Abschn. 3.3 vorgestellt. Die Modellbildung für die Regelung, die Entwicklung eines Regelungsansatzes sowie eine ausführliche Evaluierung finden sich in den Abschnitten 6.2 bis 6.4. Aufgrund ihrer Komplexität ist für die taktile Wahrnehmung die Entwicklung eines von der Handsteuerung separierten Sensorsystems erforderlich. Dieses wird in Abschn. 6.5 einschließlich Ergebnissen zur Kontaktkalibration vorgestellt.

6.1   Systemaufbau

Das Steuerungsmodul für die um Sensoren und Regelung erweiterte Roboterhand soll auf Basis eines Microcontrollers entwickelt werden, welcher über elektronische Schnittstellen Sensoren auslesen und Aktoren ansteuern kann. Darüber hinaus muss eine Kommunikationsschnittstelle zum Steuerungsystem des Roboters ARMAR-III vorgesehen werden. Aufgrund des geringen zur Verfügung stehenden Bauraums ist eine hohe Integrationsdichte der Elektronikkomponenten notwendig. Da die Vielfalt an verfügbaren integrierten Sensoren und Aktorsteuerungen beschränkt ist, werden diese zuerst festgelegt. Anschließend wird der Microcontroller als zentrale Steuerungseinheit entsprechend den sich aus dieser Peripherie ergebenden Anforderungen gewählt.

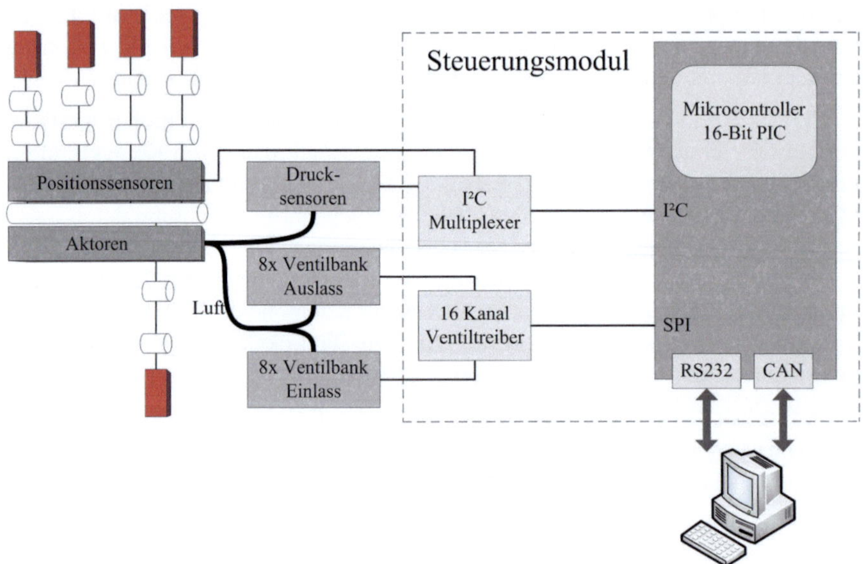

Abb. 6.1: Schematische Darstellung der Handsteuerung.

Ventiltreiber

Zur Ansteuerung der beiden Ventilbänke mit einem Ein- und einem Auslassventil je Aktor werden 16 Ventiltreiber benötigt, siehe Abb. 6.1. Diese müssen bei einer Ventil-Nennleistung von 1 W und Versorgungsspannung von 12 V für eine Dauerstromstärke von etwa 100 mA ausgelegt sein. Es sollten möglichst mehrere Ventiltreiber in wenigen ICs integriert sein. Die Treiber-ICs sollen über eine digitale Schnittstelle vom Microcontroller angesteuert werden können. Alle diese Anforderungen konnten durch Wahl des *MC33996* Treiber-ICs der Firma Motorola erfüllt werden. Dieser verfügt bei kleiner Bauform über 16 Treiberausgänge, und kann bei der gewünschten Versorgungsspannung bis zu 1,2 A Dauerstrom liefern. Die Anbindung an den Microcontroller erfolgt über eine serielle Datenschnittstelle vom Typ SPI (Abk. engl. *Serial Peripheral Interface*).
Weitere technische Details zum Ventilsystem finden sich in Anhang B.3.

Gelenkwinkelsensoren

Alle 12 Gelenke der Roboterhand sollen mit Gelenkwinkelsensoren ausgestattet werden, damit die vollständige Konfiguration der Hand während der Exploration ermittelt werden kann. Hierbei kommen als ICs integrierte Hallsensoren zum Einsatz, da nur dieser Gelenkwinkel-Sensortyp hinreichend klein für den Einbau ist. Wünschenswert ist außerdem ein absoluter Gelenkwinkelsensor, so dass keine Kalibrierung der Gelenkwinkelposition erforderlich ist. Der Sensor soll möglichst über eine digitale, busfähige Schnittstelle verfügen, um alle Sensoren bei geringem Verkabelungsaufwand mit dem Microcontroller verbinden zu können. Unter diesen Gesichtspunkten wurde der Sensor-IC *AS5046* der Firma *Austriamicrosystems AG* ausgewählt [AS, 2008]. Der Sensor kann den Gelenkwinkel absolut mit eine Wortbreite von 12 Bit auflösen und wird über eine I^2C (Abk. engl. *Inter-IC-Bus*)-Schnittstelle mit dem Microcontroller verbunden. Damit sind insgesamt nur vier Leitungen zur Verbindung der Sensoren erforderlich, zwei Leitungen für die Stromversorgung und zwei Datenleitungen. Abb. 6.2a zeigt einen solchen Gelenkwinkelsensor mit Trägerplatine.

Drucksensoren

Für die Messung des durch die Fluidikaktoren ausgeübten Aktormoments sind Luftdrucksensoren erforderlich. Darüber hinaus sollen diese auch zur Leckage-

(a)   (b)

Abb. 6.2: Sensorsysteme: (a) Gelenkwinkelsensor mit Trägerplatine, (b) Drucksensoren auf Trägerplatine mit Verschlauchung zu den Fluidaktoren.

Überwachung eingesetzt werden, da Leckagen gelegentlich als Defekt einhergehend mit lokalem oder globalem Druckabfall im Fluidsystem auftreten. Außerdem sind Drucksensoren notwendig, um eine kaskadierte Kraft- und Positionsregelung mit unterlagertem Druckregelkreis zu realisieren. Jeder der acht angesteuerten Fluidaktoren soll mit einem eigenen Drucksensor ausgestattet werden. Der vom Kompressor erzeugte Systemdruck soll ebenfalls gemessen werden können. Auch für Luftdrucksensoren sind mittlerweile integrierte Lösungen in Form von ICs verfügbar. Es wurde der Sensor-IC *SM5822* der Firma *Silicon Microstructures Inc.* ausgewählt [Si-Micro, 2008], der, ebenso wie die Gelenkwinkelsensoren, über eine I^2C-Schnittstelle mit dem Microcontroller verbunden wird. Die Sensor-ICs liefern temperaturkompensierte und linearisierte Messwerte mit einer Auflösung von 3 mbar an den Microcontroller. Abb. 6.2b zeigt die Luftdrucksensorplatine für alle Aktoren. Die Sensoren sind über Schläuche mit den Kammern der Aktoren verbunden.

Microcontrollersystem für Regelung und Sensorsignalverarbeitung

Aufgrund der Wahl von Sensor- und Aktorsteuerungs-ICs sowie aufgrund allgemeiner Anforderungen muss der Microcontroller über folgende integrierte Peripherie bzw. Leistungsmerkmale verfügen:

- Jeweils eine RS232- und eine CAN-Schnittstelle zur Kommunikation mit dem Steuerungs-PC in ARMAR-III,

- I^2C-Schnittstelle zur Kommunikation mit Gelenkwinkel- und Luftdrucksensoren,

- SPI-Schnittstelle zur Kommunikation mit dem Ventiltreiber-IC .

Der Systemaufbau ist in Abb. 6.1 schematisch dargestellt.

Für den Microcontroller soll eine Entwicklungsumgebung in der verbreiteten Programmiersprache C, sowie eine umfangreiche Software-Bibliothek mit Implementierungen der Kommunikationsprotokolle und wichtiger Grundfunktionen zur Verfügung stehen. Außerdem soll der Prozessor wenigstens mit einer 16-Bit-Architektur sowie ausreichend Programm- und Arbeitsspeicher ausgestattet sein.

Mit diesem Hintergrung wurde der 16-Bit Mikrocontroller *PIC24HJ506* der Firma *Microchip* ausgewählt [Micro, 2008]. Dieser wird mit einer Taktfrequenz von 40 MHz betrieben und verfügt über 128 kB Programmspeicher, 8 kB Arbeitsspeicher sowie alle gewünschten Schnittstellen. Für diesen Microcontroller existierte bereits ein am Forschungszentrum Karlsruhe entwickeltes Mikrocontrollerboard [Gaiser et al., 2008], so dass noch eine Erweiterungsplatine zum Anschluss von Sensoren und Ventilen entwickelt werden musste. Neben der Stromversorgung enthält diese Erweiterung den Ventiltreiber-IC sowie eine notwendige Bus-Multiplexerschaltung, um den I^2C-Bus für die zahlreichen Teilnehmer zu verbreitern. Außerdem sind alle Kommunikationsschnittstellen an geeigneten Steckern herausgeführt. Das Microcontrollerboard und die Erweiterungsplatine sind in Abb. 6.3 am Unterarm des Roboters montiert abgebildet.

Abb. 6.3: Steuerungsmodul der Roboterhand bestehend aus Microcontrollerboard und Erweiterungsplatine.

6.2   Modellbildung der Fluidaktoren

Um einen Positions- bzw. Druckreglerentwurf durchführen zu können, muss zunächst das Verhalten der Regelstrecke charakterisiert werden. Die Eingangsgröße des Regelkreises ist aufgrund der Ventilbauart auf die *Ventilschaltzeit*, als einzige durch die Regelung beeinflussbare Stellgröße, festgelegt. Die Ventilschaltzeit bestimmt die Dauer, während der Luft in den Aktor bzw. aus dem Aktor strömen kann. Dadurch ändern sich gleichzeitig die beiden Ausgangsgrößen *Winkelstellung* und *Innendruck* des Aktors. Beide Größen wiederum sind vom *Außendruck* auf den Aktor abhängig. Ein detailliertes theoretisches Aktormodell für den eingesetzten Fluidaktor wurde in [Beck et al., 2003] vorgeschlagen, jedoch ist eine Übertragung dieses Ansatzes aufgrund von mittlerweile vorliegenden Konstruktionsveränderungen nicht unmittelbar möglich. Das theoretische Aktormodell ist in Anhang B.2 zusammengefasst. Neben Veränderungen in der Aktorkonstruktion wird in der vorliegenden Handmechanik eine Rückstellfeder aus Gummiband mit nicht näher bestimmten Eigenschaften eingesetzt. Das Zusammenwirken zwischen dem elastischen Verhalten des Aktors und dem viskoelastischen Verhalten des zusätzlichen Gummibandes ist nur mit sehr großem Aufwand zu modellieren und erfordert das Schätzen vieler nicht-stationärer Materialparameter [Tschoegl, 1989].

Der Zusammenhang zwischen Stell- und Ausgangsgrößen soll zunächst messtechnisch erfasst werden, um zu prüfen, ob ein Ersatzmodell des Aktors ohne verteilte Parameter gebildet werden kann. Dazu wurden in systematischen Versuchen die Einlass- bzw. Auslassventile der Aktoren in unterschiedlichen Ausgangsgelenkwinkelpositionen für definierte Zeiten geöffnet [Schill, 2009]. Vor und nach diesem Vorgang wurden Ventilschaltzeit t_{schalt}, die Gelenkwinkelposition φ und der Aktordruck p aufgezeichnet. Während der Messung wurde der Aktor nicht extern belastet. Die Messdaten beschreiben somit die Reaktion des Aktors auf unterschiedliche Ventilöffnungszeiten bei verschiedenen Druckwerten und Positionen.

Nach Auftragen der Messpunkte erhält man eine Druck-Positions-Charakeristik, siehe Abb. 6.4. Die Messkurve zeigt ein deutliches Hystereseverhalten. Der Einfluss des Aktortyps auf die Kennlinie ist ebenfalls zu erkennen. So ist bei den kleineren Aktoren der distalen Gelenke ein höherer Druck für die volle Auslenkung bei etwa 1,5 rad erforderlich. Dies weist auf eine höhere Steifigkeit dieses Aktortyps gegenüber den größeren Aktoren der proximalen Gelenke hin.

Das gegenüber den Messergebnissen aus [Beck et al., 2003] vorliegende Hystereseverhalten ist, wie zuvor beschrieben, auf die Rückstellung der Aktoren durch Gummibänder zurückzuführen.

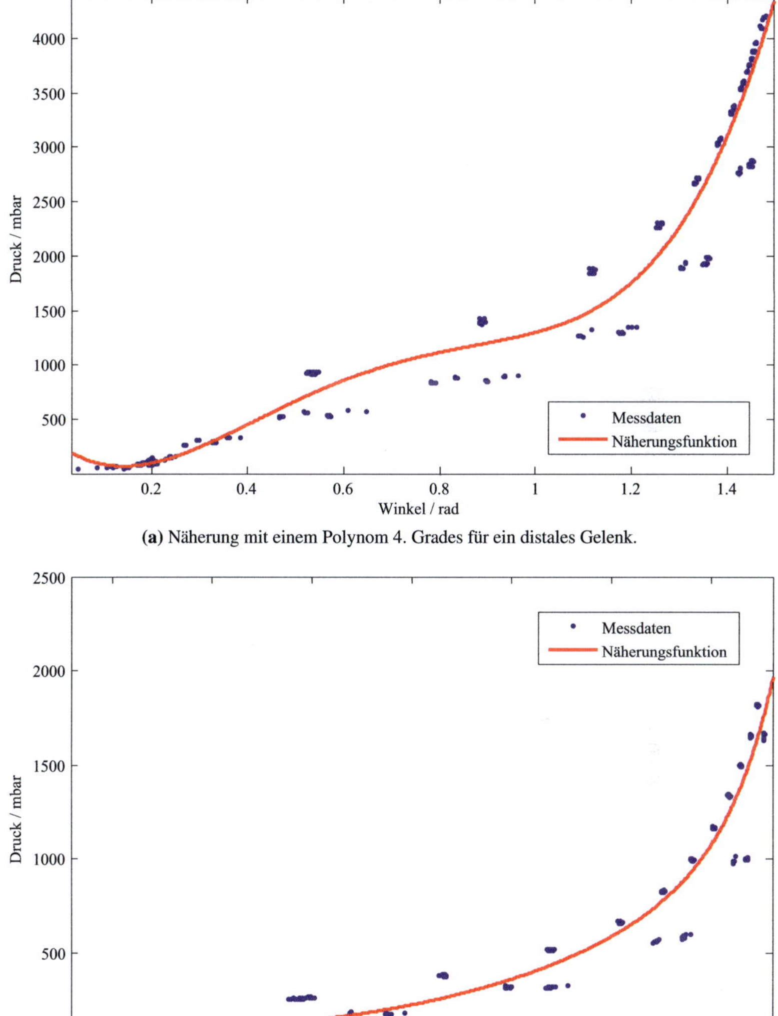

(a) Näherung mit einem Polynom 4. Grades für ein distales Gelenk.

(b) Näherung mit einer exponentiellen Funktion für ein proximales Gelenk.

Abb. 6.4: Messung und Näherung der Druck-Positions-Charakteristik für proximalen und distalen Aktor.

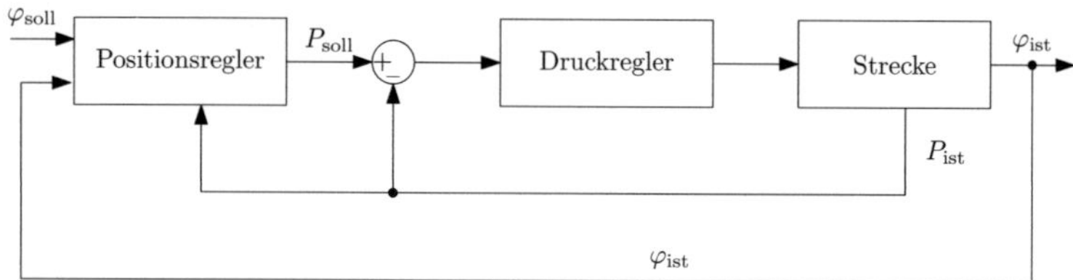

Abb. 6.5: Schematische Darstellung des kaskadierten Positions-/ Druckreglers und der Aktorstrecke.

Die Schätzung eines Hysteresemodells ist sehr aufwändig, deshalb soll die mittlere Druck-Positions-Kennlinie zunächst durch eine Näherungsfunktion approximiert werden.

In Abb. 6.4a wurde eine polynomielle Näherungsfunktion für den distalen Aktortyp bestimmt, die innerhalb der Hysteresegrenzen verläuft. Das bereinigte Bestimmtheitsmaß R^2 für die Schätzung liegt bei 0,952. Da der Wert dieser Näherungsfunktion im Bereich unterhalb 0,2 rad wieder zunimmt, wird ihr Funktionswert für Winkel unter 0,2 rad durch eine lineare Funktion 1. Ordnung ersetzt. Abb. 6.4b zeigt den Verlauf einer exponentiellen Näherungsfunktion für den proximalen Aktortyp. R^2 liegt hier bei 0,978.

Unabhängig vom Aktortyp wird die approximierte Näherungsfunktion zur Beschreibung der Druck-Positions-Charakeristik für den lastfreien Fall im Folgenden durch $p_0(\varphi)$ bezeichnet.

6.3   Kraft-Positionsregelung der Fluidaktoren

Für die Regelung der Gelenkposition wurde der Ansatz eines kaskadierten Reglers mit unterlagertem Druckregler gewählt, dessen Struktur in Abb. 6.5 dargestellt ist.

Die Komponenten der Regelung werden in den folgenden Abschnitten beginnend mit dem Druckregler erläutert. Durch die Regelungsarchitektur ist es möglich, über den Soll-Druck eine Momentenbegrenzung zu realisieren. Diese wird in Abschn. 6.3.2 beschrieben. Die Details zur Positionsregelung finden sich in Abschn. 6.3.3.

6.3.1 Druckregelung

Die Leistungsfähigkeit des Druckreglers im inneren Regelkreis ist unmittelbar von der Charakteristik der Ventile als Stellglieder abhängig. Bauartbedingt öffnen die Ventile erst zuverlässig ab einer Schaltzeit von 3 ms. In Experimenten wurde der stationäre Endwert der Sprungantwort des Drucksystems für diese Schaltzeiten bestimmt. So beträgt die Größe des Drucksprungs bei den kleineren, distalen Aktoren bis zu 50 mbar, hingegen bei den großen, proximalen Aktoren bis zu 20 mbar. Die Genauigkeit einer Druckregelung ist somit nur bis zu diesen minimalen Druckunterschieden diskretisierbar.

Der Regler ist in zwei Stufen unterteilt. Für Regeldifferenzen $|\Delta p| > 100$ mbar wird die Schaltzeit des Ventils durch einen diskreten P-Regler abhängig von der Druckdifferenz bestimmt. Unterhalb des Schwellenwerts wird der Reglerausgang auf die minimale Ventilschaltzeit begrenzt. Um ein Schwingen um die Zielposition zu vermeiden, wird zusätzlich eine Totzone in der Größenordnung der für den Aktortyp minimal erzeugbaren Druckdifferenz vorgesehen, innerhalb der die Ventile nicht angesteuert werden.

6.3.2 Momentenbegrenzung

Das Aktormoment kann mithilfe der in Abschn. 6.2 eingeführten Näherungsfunktion $p_0(\varphi)$ für die Druck-Positions-Charakteristik des Aktors, sowie dem aktuellen Druck und der aktuellen Position näherungsweise bestimmt werden. Das Aktormoment steigt näherungsweise linear mit dem Aktordruck bei konstanter Gelenkwinkelposition, siehe Anhang B, Gl. B.4. Es ergibt sich also für das Moment:

$$
\begin{aligned}
M_A(p,\varphi) &= a_{00} + a_{01}\cdot\varphi + a_{10}\cdot p + a_{11}\cdot\varphi\cdot p \\
&= a_{00} + a_{a01}\cdot\varphi + (a_{10} + a_{11}\cdot\varphi)\cdot p \\
&= k_1 + k_2\cdot p \\
&\text{mit } k_1 = a_{00} + a_{01}\cdot\varphi \text{ und } k_2 = a_{10} + a_{11}\cdot\varphi \quad .
\end{aligned}
\tag{6.1}
$$

Die Näherungsfunktion $p_0(\varphi)$ bestimmt den Aktordruck näherungsweise in Abhängigkeit des Gelenkwinkels, wenn kein äußeres Moment auf den Aktor wirkt. Aus Gl. 6.1 folgt

$$
\frac{dM_A}{dp} = \text{const.} \quad ,
\tag{6.2}
$$

daher lässt sich das Aktormoment durch Begrenzung des Aktordrucks auf einen Maximalwert $p_{c,max}$ ebenfalls begrenzen,

$$p_{c,max} = p_0(\varphi) + p_{max} \quad . \tag{6.3}$$

Hierbei ist p_{max} der vom Aktor zusätzlich zum lastfreien Druck $p_0(\varphi)$ aufzubringende Lastdruck.

Die Bestimmung eines direkten Zusammenhangs zwischen Aktordruck p_{max} und begrenzendem Aktormoment M_A ist grundsätzlich durch einen entsprechenden Kalibrationsaufbau möglich, wie bereits in [Beck et al., 2003] und [Martin et al., 2004] gezeigt wurde. Dies überschreitet jedoch die Zielsetzung dieser Arbeit. Hier genügt es, die Momentenbegrenzung durch Vorgabe eines entsprechend gewählten maximalen Aktordrucks zu realisieren.

6.3.3 Positionsregelung

In einem ersten Ansatz wurde versucht, den Positionsregler als einfachen PID-Regler zu implementieren. Dies erbrachte jedoch nur unbefriedigende Ergebnisse, da das geregelte System besonders bei großen Winkelvorgaben instabil wurde und hingegen bei kleinen Winkeln nur unzureichend genau war.

Aus diesem Grund wurde ein Positionsregler entwickelt, der die nicht-lineare Aktorcharakteristik aus Abschn. 6.2 berücksichtigt. Die Ausgangsgröße p_c dieses Reglers ist unmittelbar die Aktor-Druckvorgabe. Im Wesentlichen wird hierbei durch die Reglergleichung

$$\acute{p}_c(t) = K_p \cdot \frac{d p_0(\varphi_{act}(t))}{d\varphi} \cdot (\varphi_c - \varphi_{act}(t))$$

eine Linearisierung der Aktorkennlinie $p_0(\varphi)$ um den Arbeitspunkt beim aktuellen Druckwert $p_{act}(t)$ bewirkt.

Zur Momentenbegrenzung wird der maximale Soll-Druck entsprechend Gl. 6.3 beschränkt. Dadurch lässt sich die Steifigkeit des Gelenks einstellen und die Kraft beschränken, die auf ein gegriffenes Objekt wirkt.

Der begrenzte Druckvorgabewert p_c des Reglers wird so zu

$$p_c(t) = min\{\acute{p}_c(t), p_0(\varphi_{act}(t) + p_{max}\} \quad .$$

Der schematische Aufbau des momentenbegrenzten Positionsreglers ist in Abb. 6.6 veranschaulicht.

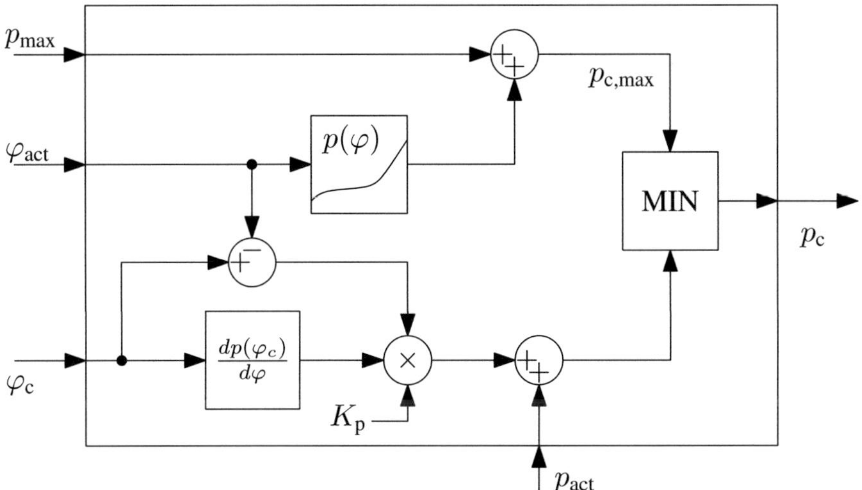

Abb. 6.6: Schema des modellbasierten Positionsreglers mit Momentenbegrenzung.

Zu beachten ist, dass die Momentenbegrenzung aufgrund der Asymmetrie des Stellgliedes nur in einer Stellrichtung wirksam ist, nämlich beim Schließen des Gelenks. Dies rührt von dem Umstand, dass die Rückstellung des Aktors nur passiv durch die Gummiband-Feder erfolgt.

6.3.4 Leckagediagnose

In einem pneumatischen System sind Leckagen, also irreguläre Zu- und Abflüsse im Druckregelkreis eine häufige Fehlerursache, da sie den Regelkreis destabilisieren können. Sie müssen von anderen Fehlerursachen unterschieden werden können. Zu diesem Zweck wurde eine Diagnosemethode entwickelt.

Betrachtet werden lediglich Leckagen im Aktorvolumen. Hier wird zwischen den folgenden Typen von Leckagen $L(t)$ unterschieden:

1. Undichtigkeit des Aktorvolumens $\rightarrow$ Druckabfall im Aktor, $L > 0$
2. Undichtigkeit des Auslassventils $\rightarrow$ Druckabfall im Aktor, $L > 0$
3. Undichtigkeit des Einlassventils $\rightarrow$ Druckzunahme im Aktor, $L < 0$

Die Leckage $L(t)$ ist eine Druckänderung über die Zeit und wird in der Einheit mbar/s gemessen. Leckageeffekte sind im zeitlichen Druckverlauf nur erkennbar, wenn keine Störungen durch Ventilschaltprozesse erzeugt werden. Auch müssen Leckageeffekte von einer Druckänderung durch externe Einwirkung unterschieden werden. Die Leckage $L(t)$ berechnet sich also zu

$$L(t) = \dot{P}(t)\mu(t)v(t) \quad \text{mit} \tag{6.4}$$

$$\mu(t) = \begin{cases} 1 & \text{falls kein Ventil schaltet} \\ 0 & \text{sonst,} \end{cases} \tag{6.5}$$

$$v(t) = \begin{cases} 1 & (\dot{\varphi}(t) < 0 \wedge \dot{P}(t) < 0)\vee \\ & (\dot{\varphi}(t) > 0 \wedge \dot{P}(t) > 0) \\ 0 & \text{sonst.} \end{cases} \tag{6.6}$$

Hierbei berücksichtigt Gl. 6.5 das Auftreten von Ventilschaltvorgängen, Gl. 6.6 bewirkt, dass nur Druckänderungen berücksichtigt werden, die nicht auf ein Störmoment zurückzuführen sind. Dies ist der Fall, wenn der Aktordruck gleichzeitig mit der Aktorauslenkung zu- bzw. abnimmt. Es ist zu beachten, dass Leckagen, die auf Undichtigkeiten des Aktorvolumens oder des Auslassventils zurückzuführen sind, mit diesem Ansatz nicht voneinander unterschieden werden können.

Für die Implementierung der Diagnosemethode wird der zeitdiskrete Fall betrachtet. In jedem Zeitschritt wird überprüft, ob die Ventile gerade schalten, und es werden Druck- und Gelenkwinkeländerung zu den vorangegangenen Messwerten ΔP und $\Delta\varphi$ berechnet. Die Änderungswerte werden über ein festes Intervall T_n integriert und gemittelt. Daraus ergibt sich die Leckage zum Zeitpunkt t_0 zu

$$\mu_t = \begin{cases} 1 & \text{falls kein Ventil schaltet} \\ 0 & \text{sonst,} \end{cases} \tag{6.7}$$

$$v_t = \begin{cases} 1 & (\Delta\varphi_t < 0 \wedge \Delta P_t < 0)\vee \\ & (\Delta\varphi_t > 0 \wedge \Delta P_t > 0) \\ 0 & \text{sonst,} \end{cases} \tag{6.8}$$

$$L(t_0) = \frac{\sum_{t=t_0-t_n}^{t_0} \Delta P(t)\mu_t v_t}{\sum_{t=t_0-t_n}^{t_0} \mu_t v_t}. \tag{6.9}$$

Es gilt $\mu_t = 1$ in Gl. 6.7 wenn im aktuellen Zeitschritt t_0 oder im vorangegangenen Zeitschritt t_{-1} eine Ventilschaltung am jeweiligen Aktor stattgefunden hat.

6.3.5 Kontakterkennung

Durch die Messung des Aktordrucks und der daraus möglichen Schätzung des externen Lastdrucks p_l, ist es möglich, den Kontakt zu einem Hindernis oder einem Objekt festzustellen. In bestimmten Fällen lässt sich so überprüfen, ob ein Griff erfolgreich war oder nicht, siehe Abb. 6.7. Entsprechend Gl. 6.3 berechnet sich der Lastdruck zu

$$p_l = p_{act} - p_0(\varphi) \quad . \tag{6.10}$$

Unter Annahme eines einzelnen Kontaktpunktes an einer Fingerspitze kann für diesen die Kontaktkraft F_l bestimmt werden, vgl. Abb. 6.7b. Die Kontaktkraft wird als gewichtete Summe aus den Lastdruckwerten aller Fingergelenke approximiert:

$$F_l = \sum_{n=0}^{k} g_k \cdot p_{l,k} \quad , \tag{6.11}$$

mit den Gewichten g_k für die Lastdruckewerte $p_{l,k}$ der Gelenke. Die Gewichte für die distalen Gelenke werden kleiner gewählt als die der proximalen, da deren Beitrag durch den kürzeren effektiven Hebel geringer ist. Eine Kontaktsituation wird durch Vergleich von F_l mit einem Schwellenwert erkannt. Eigenkollisionen zwischen den Fingern können hierbei durch Betrachtung der Vorwärtskinematik ausgeschlossen werden.

Um mit dieser Methode festzustellen, ob ein Griff erfolgreich war, wird ebenfalls das Modell der Vorwärtskinematik herangezogen. Wurde ein Präzisionsgriff gewählt, so wird die Entfernung $s_{t,fn}$ zwischen Daumen und beteiligten Fingern bei Erkennen eines Kontakts bestimmt und auf Plausibilität geprüft. Für einen Kraftgriff wird entsprechend die Entfernung $s_{p,fn}$ zwischen Handfläche und Fingern bei gleichzeitigem Vorliegen eines Kontakts herangezogen, siehe Abb. 6.7.

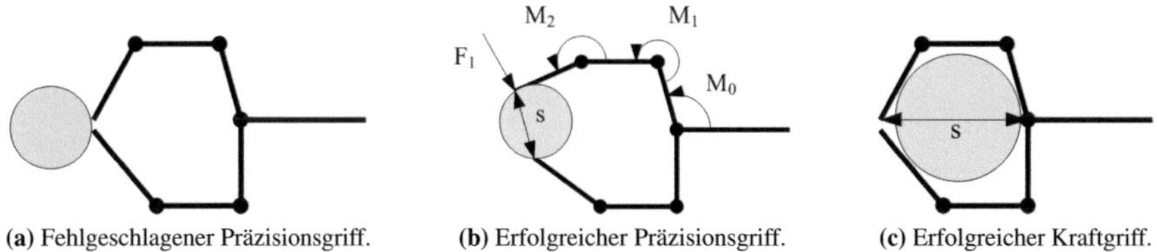

(a) Fehlgeschlagener Präzisionsgriff.   (b) Erfolgreicher Präzisionsgriff.   (c) Erfolgreicher Kraftgriff.

Abb. 6.7: Griffprüfung zur Kontaktdetektion beim Greifen von kugelförmigen Objekten.

6.4   Evaluierung der Regelung

Die in Abschn. 6.3 beschriebenen Methoden wurden mit Hilfe des in Abschn. 6.1 beschriebenen Mikrocontrollersystems implementiert. Zur Evaluierung der Regelung wurden verschiedene Experimente durchgeführt. Dafür wurden die Sollvorgaben für Position und zulässigen Lastdruck an das Steuerungsmodul übermittelt und die Messwerte für Position, Aktordruck und geschätzten Lastdruck aufgezeichnet. In den folgenden Abschnitten werden Ergebnisse zur Leistungsfähigkeit der Aktorregelung vorgestellt.

6.4.1   Sprungantwort

Es wurde untersucht, wie das System auf sprungartige Änderungen der Soll-Position reagiert. Die Auswertung wurde mit dem proximalen Zeigefingeraktor ohne externe Belastung durchgeführt. Das Ergebnis ist in Abb. 6.8 dargestellt. Beim Schließen des Aktors wurde die Soll-Position nach etwa 0,5 s erreicht. Das Öffnen des Aktors erfolgt aufgrund der geringeren Stellkraft des passiven Rückstell-Gummibands langsamer. Für kleine Vorgabeänderungen fällt dies nicht stark ins Gewicht, so wird auch hier die Zielposition in etwa 0,5 s erreicht. Für größere Winkeländerungen, z. B. bei $t = 20$ s, macht sich die passive Rückstellung hingegen bemerkbar. Hier wurde die Zielposition nach etwa 1,5 s erreicht. Bei der Angabe der Stellzeiten ist zu beachten, dass die Übertragungsdauer für das Setzen der Soll-Position und das Auslesen der Messwerte ebenfalls zur Verzögerung beitragen.

Das untere Diagramm in Abb. 6.8 zeigt den Verlauf von Lastdruckvorgabe, aktuellem Aktordruck und tatsächlichem Lastdruck. Bei einer sprunghaften Änderung der Soll-Position ändert sich der Lastdruck nadelartig. Das ist Folge des trägen Aktorverhaltens, dessen Volumenausdehnung nicht unmittelbar dem Druckzufluss folgt. Ebenfalls ist zu beobachten, dass bei unbelastetem Aktor ein Lastdruck von ca. 200 mbar gemessen wird. Dies ist ein Messfehler, der aufgrund der Ungenauigkeit der Näherungsfunktion auftritt, die die Hysterese des Aktors nicht berücksichtigt. Dennoch konnte in dem Versuch eine genaue Regelung des Gelenkwinkels mit einem mittleren Fehler von 0,054 rad bzw. 3,09° erreicht werden.

6.4.2   Verschiedene Systemantworten

In einem weiteren Versuch wurde die Soll-Position in Form eines symmetrischen Rampenprofils vorgegeben. Dabei wirkte kein Störmoment auf den Aktor. Die Er-

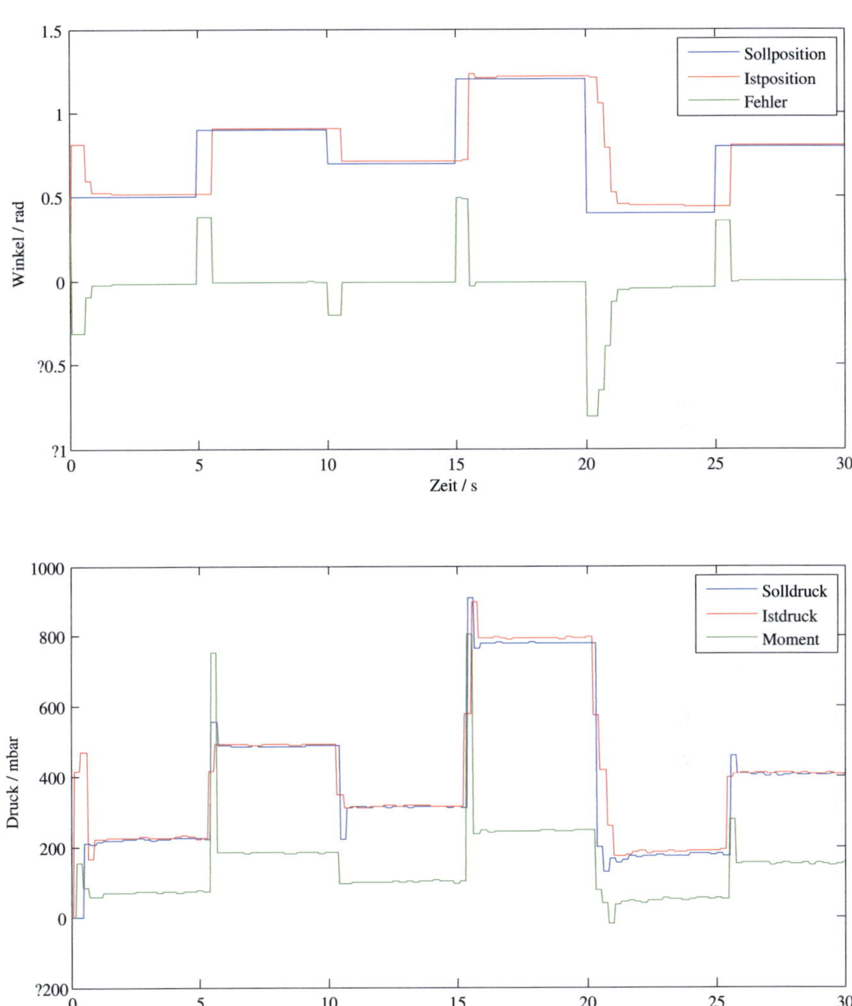

Abb. 6.8: Verhalten der Regelung bei sprungartigen Änderungen der Soll-Position. Oben: Soll-/Ist-Größenverlauf der Positionsregelung. Unten: Soll-/Ist-Größenverlauf der Druckregelung.

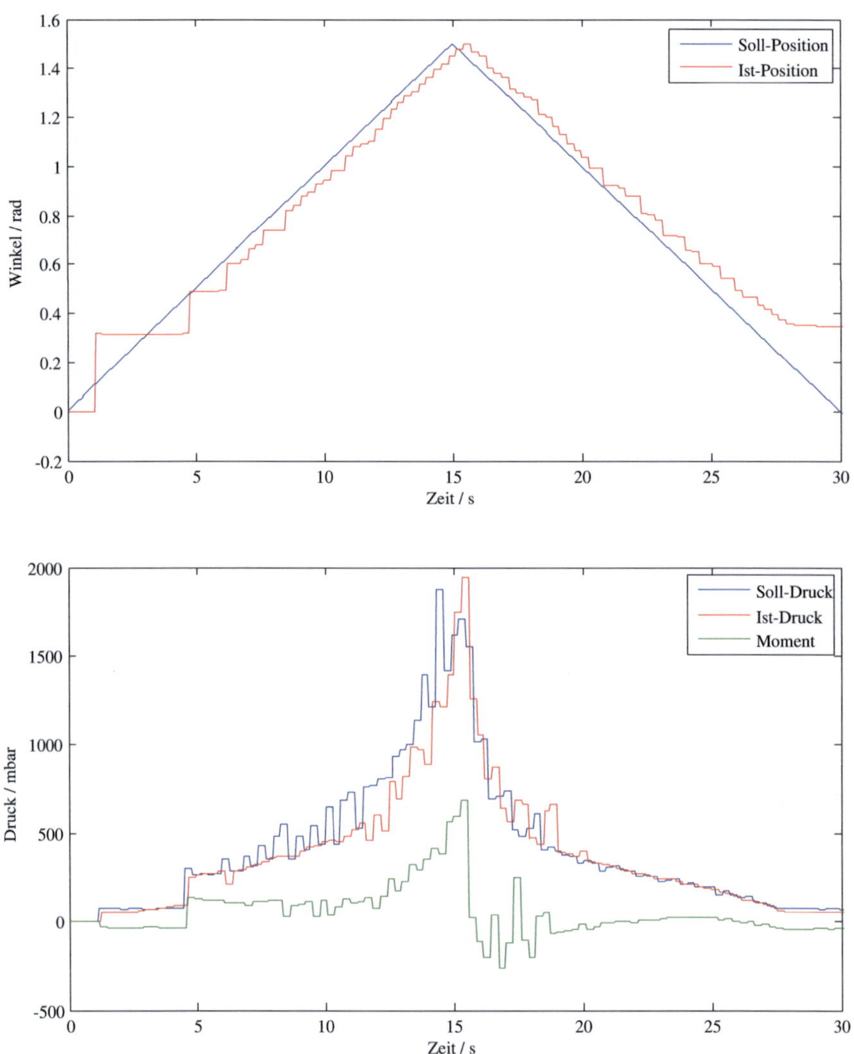

Abb. 6.9: Verhalten der Regelung bei Vorgabe eines Rampenprofils. Oben: Soll-/Ist-Größenverlauf der Positionsregelung. Unten: Soll-/Ist-Größenverlauf der Druckregelung.

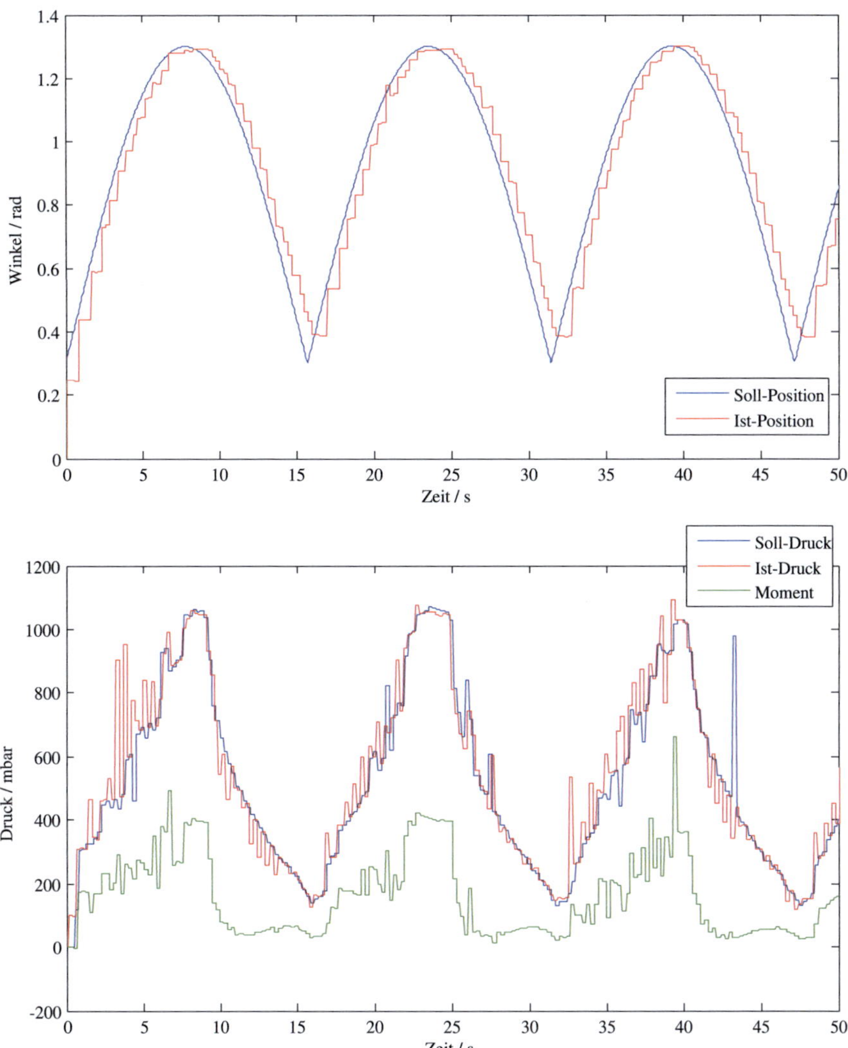

Abb. 6.10: Verhalten der Regelung bei Vorgabe eines Sinusprofils. Oben: Soll-/Ist-Größenverlauf der Positionsregelung. Unten: Soll-/Ist-Größenverlauf der Druckregelung.

gebnisse sind in Abb. 6.9 dargestellt. Der tatsächliche Verlauf der Position folgt der Sollwertvorgabe treppenförmig. Dies ist auf die Totzone zurückzuführen, die aufgrund der minimalen Schaltzeit der Ventile eingeführt wurde, vgl. Abschn. 6.3.1. Im gemessenen Lastdruckverlauf zeigen sich auch hier Fehler in der Näherungsfunktion durch die Trägheit des Aktors. Der mittlere Fehler für die Gelenkwinkelregelung lag bei diesem Versuch bei $0{,}106$ rad bzw. $6{,}06°$.

In einem ähnlichen Versuch wurde eine Sinustrajektorie als Gelenkwinkelverlauf vorgegeben und ebenfalls ohne externe Belastung ausgeführt. Abb. 6.10 zeigt den Verlauf der Messgrößen. Auch hier folgt der Aktor der Soll-Position treppenförmig. Bei diesem Versuch liegt der mittlere Fehler für den Gelenkwinkel bei $0{,}069$ rad bzw. $3{,}96°$.

6.4.3   Kraft-/Positionsregelung

Zur Evaluierung der Leistungsfähigkeit der Momenten- bzw. Lastdruckbegrenzung wurden eine feste Soll-Position von $0{,}7$ rad und ein maximaler Lastdruck von 2000 mbar vorgegeben. Nach Erreichen der Soll-Position wurde eine externes Störmoment auf den Aktor ausgeübt. Die Größe der Störung wurde erhöht, bis das Gelenk seine Nullposition erreicht hatte. Von diesem Punkt ausgehend wurde die Störung bis auf den Nullwert verringert und dann mit umgekehrtem Vorzeichen wieder erhöht, so dass der Aktor in die andere Richtung bewegt wurde. Nach Erreichen des oberen Gelenkanschlags wurde der Betrag der Störgröße wieder verringert. Das Ergebnis dieses Versuchs ist in Abb. 6.11 dargestellt. Es ist zu erkennen, wie der Regler ab dem Zeitpunkt $T = 7$ s unter zunehmender externer Last den Aktordruck erhöht, bis der geschätzte Lastdruck den zulässigen Wert von 2000 mbar beim Zeitpunkt $T = 11{,}5$ s erreicht. Während dieser Phase kann der Regler die Soll-Position etwa einhalten. Oberhalb des zulässigen Lastdrucks gibt der Aktor nach, um den Vorgabewert nicht zu überschreiten. Hierfür muss Luft aus dem Aktor ausgelassen werden, da der Druck durch die Kompression des Aktors angestiegen ist. Bei Verringerung der Belastung ab $T = 19$ s wird der Aktor wieder mit Luft befüllt, bis die Soll-Position erreicht ist. Da das Moment nach der Rückkehr zur Soll-Position bei $T = 29$ s durch fortgesetztes Aufbringen der Störung weiter abnimmt, muss der Aktordruck vermindert werden, um die Soll-Position zu halten. Das umgekehrte Reglerverhalten kann im weiteren Verlauf für eine Störung mit geändertem Vorzeichen beobachtet werden.

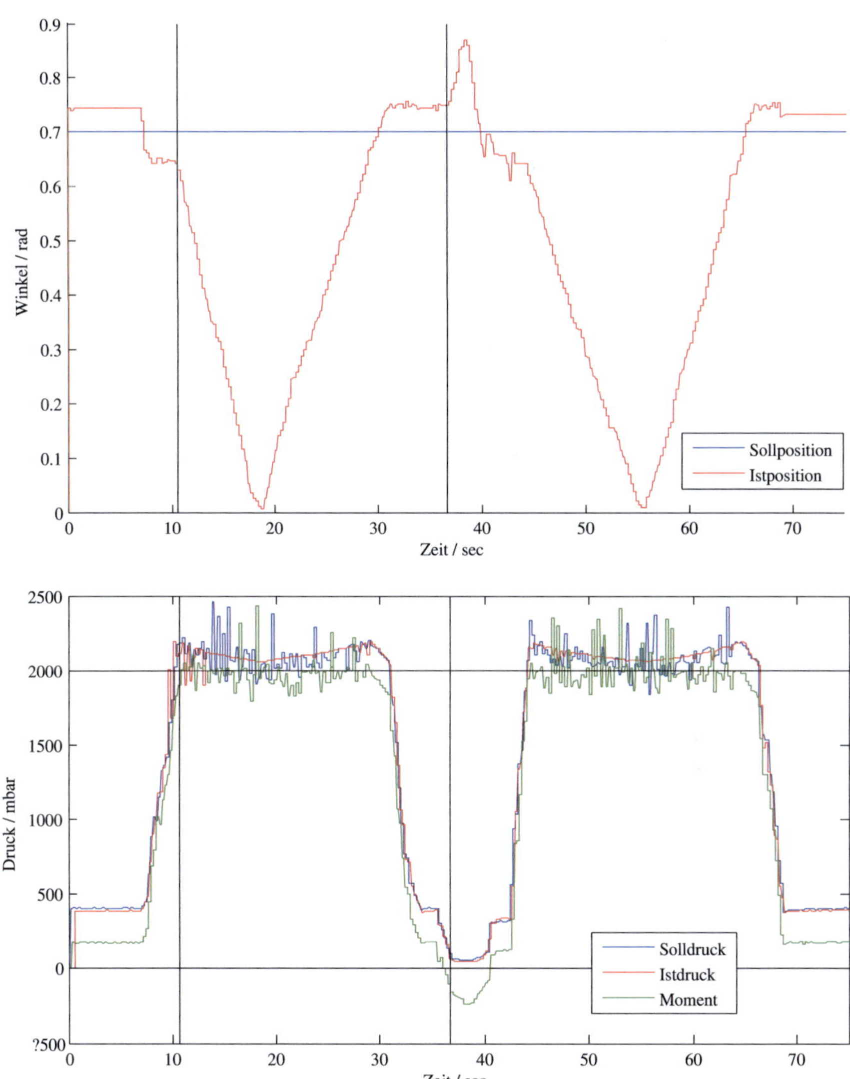

Abb. 6.11: Kraft-/Positionsregelung unter Störeinwirkung. Oben: Soll-/Ist-Größenverlauf der Positionsregelung. Unten: Soll-/Ist-Größenverlauf der Druckregelung.

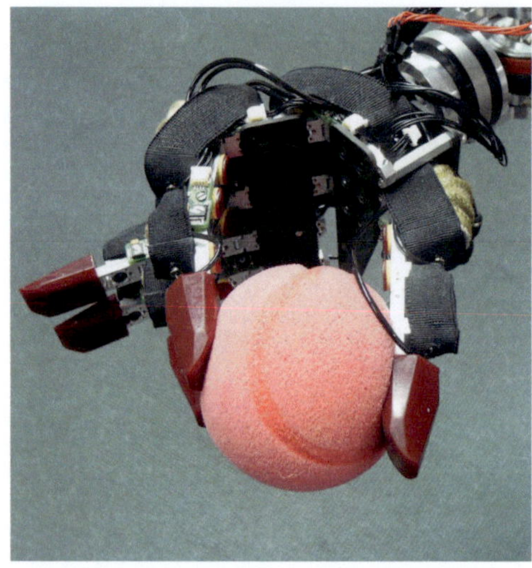

Abb. 6.12: Versuchsanordnung bei der Deformierung eines Softballs.

6.4.4   Deformierung eines Objektes

In diesem Versuch wurde das Verhalten der Regelung beim Greifen eines weichen
Objektes, in diesem Fall eines Tennisballs aus Schaumstoff, untersucht. Dazu
wurde der Ball mit den Fingerspitzen des Zeigefingers, des Mittelfingers und
des Daumens gegriffen, vgl. Abb. 6.12. Die zulässigen Lastdruckwerte für Zeige-
und Mittelfingergelenke wurden auf den Maximalwert von 4000 mbar gesetzt, um
so eine hohe Steifigkeit der Regelung herbeizuführen. Zum Greifen wurden die
proximalen Gelenke angewinkelt und die distalen Gelenke durchgestreckt. Das
distale Gelenk des Daumens wurde ebenfalls durchgestreckt und für das proximale
Daumengelenk ein Sollwert von 90° vorgegeben.

Während des Versuchs wurde der zulässige Lastdruck für das proximale Daumengelenk linear erhöht. Dadurch nimmt die Kraft auf den gegriffenen Ball zu und der
Ball wird zusammengedrückt. Anschließend wurde der zulässige Lastdruck wieder
vermindert. Dabei nimmt der Ball wieder seine Ausgangsgestalt an und Zeige- und
Mittelfinger bewegen sich in die Ausgangslage zurück. Die Verläufe der Messwerte
für das proximale Zeigefingergelenk und das proximale Daumengelenk sind in
Abb. 6.13 dargestellt. In Abb. 6.13a ist zu erkennen, wie Zeige- und Mittelfinger
unter der Krafteinwirkung des Daumens nachgiebig zurückgedrängt werden. Im

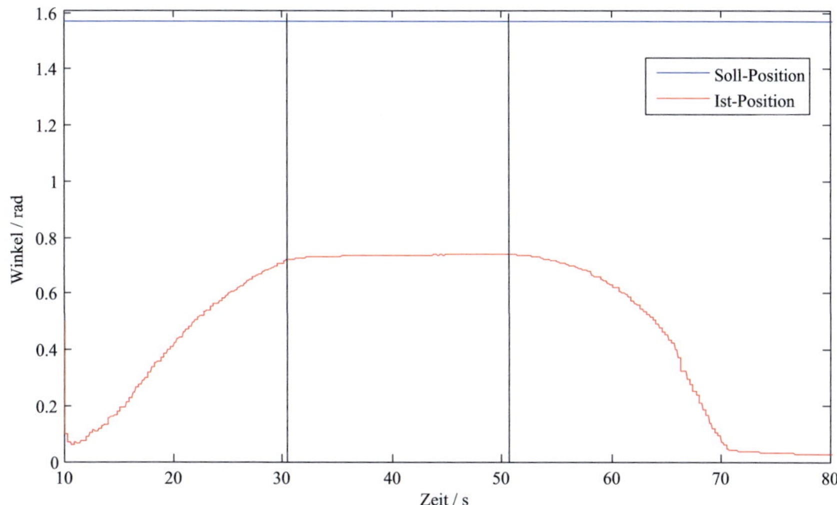

(a) Gelenkwinkelverlauf des proximalen Zeigefingergelenks.

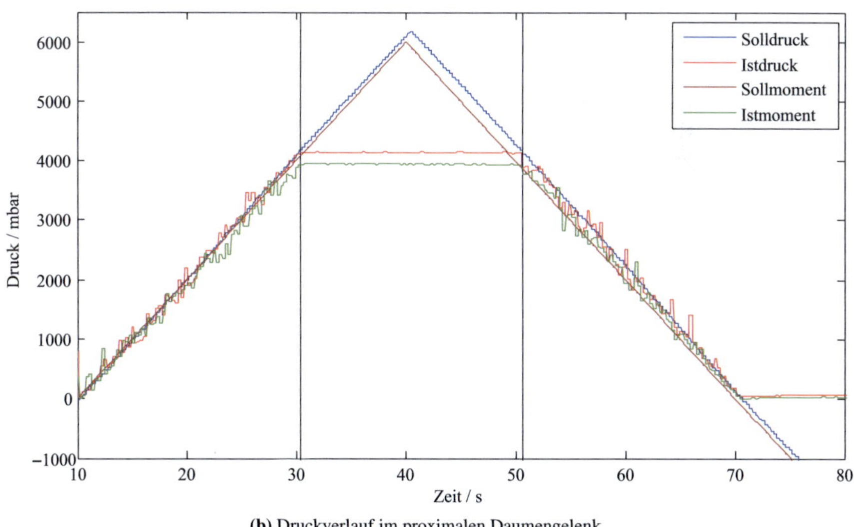

(b) Druckverlauf im proximalen Daumengelenk.

Abb. 6.13: Messwerte bei der Deformierung eines weichen Körpers mit ansteigendem Moment.

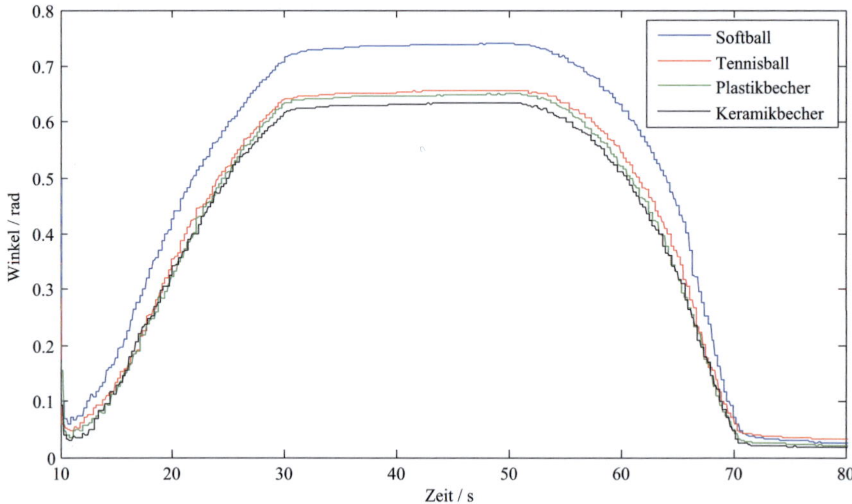

Abb. 6.14: Deformierung verschiedener Objekte.

Daumenaktor wird der Druck bis zum Systemdruck von 4000 mbar nachgeführt, vgl. Abb. 6.13b.

Der Versuch wurde für Objekte aus verschiedenen Materialien bei ähnlicher Größe wiederholt, siehe Ergebnisse in Abb. 6.14. Der unterschiedliche Verformungsverlauf der Objekte ist deutlich erkennbar. Diese unterschiedlichen Verformungskennlinien können nun dazu benutzt werden, die Deformierbarkeit eines Objekts zu untersuchen und damit verschiedene Objekte zu klassifizieren. Dies wird im folgenden Abschnitt beschrieben.

6.4.5 Untersuchung der Deformierbarkeit eines gegriffenen Objekts

In diesem Versuch wurde die Kraft-/Positionsregelung der Roboterhand eingesetzt, um die Deformierbarkeit eines Objekts zu untersuchen. Dazu wird das Objekt mit den Fingerspitzen von Daumen, Zeigefinger und Mittelfinger bei geringem zulässigen Lastdruck gegriffen. Bei dieser Einstellung verhalten sich die Fingergelenke somit äußerst nachgiebig. Anhand der Gelenkwinkel und der Vorwärtskinematik wird die Entfernung zwischen Zeigefinger- und Daumenspitze $s_{1,l}$, sowie die Entfernung zwischen Mittelfinger- und Daumenspitze $s_{2,l}$ bestimmt. Anschließend

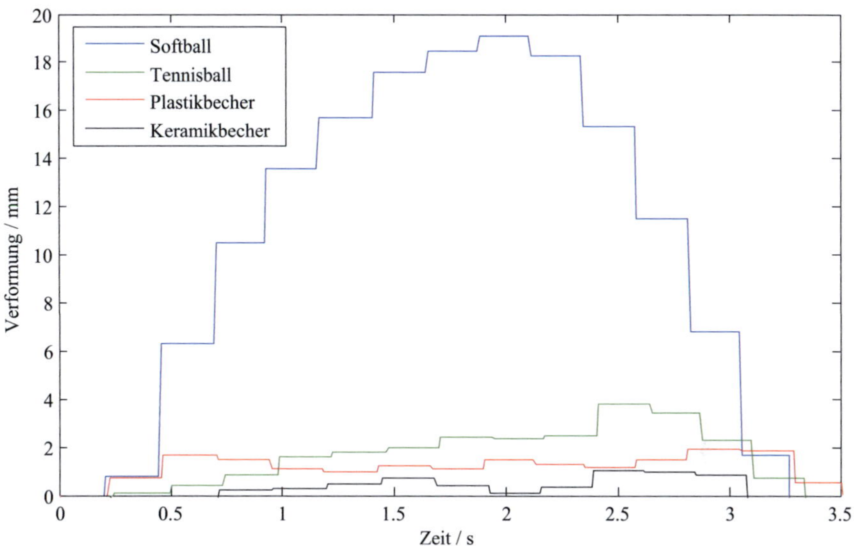

Abb. 6.15: Verlauf des Verformungsmaßes Δs bei verschiedenen Objekten.

wird der Versuch mit einer hohen Einstellung des zulässigen Lastdrucks wiederholt. Dabei werden die beiden Entfernungsmaße entsprechend zu $s_{1,h}$ und $s_{2,h}$ bestimmt. Bei dieser Einstellung verformen sich die Objekte je nach Nachgiebigkeit unterschiedlich stark. Die Differenzensumme der Entfernungsmaße

$$\Delta s = (s_{1,h} - s_{1,l}) + (s_{2,h} - s_{2,l})$$

ist ein diskriminatives Maß für die Deformierbarkeit der Objekte. Tab. 6.1 zeigt die ermittelten Werte von Δs für unterschiedliche Objekte nach zehnmaliger Wiederholung des Versuchs. Abb. 6.15 zeigt den Verlauf von Δs für unterschiedliche Objekte während des Versuchs. Der Softball kann deutlich von den übrigen Objekten unterschieden werden, da dessen Verformungsmaß um Größenordnungen über dem der übrigen Objekte liegt. Der Keramikbecher kann im Gegensatz zum Kunststoffbecher nicht verformt werden und ist deshalb ebenfalls von diesem unterscheidbar. Hingegen ist die Unterscheidbarkeit von Tennisball und Plastikbecher zu gering, da die Standardabweichung zu groß ist.

Objekt	Mittelwert Δs	Standardabweichung
Softball	15,5	1,24
Tennisball	1,80	0,782
Plastikbecher	3,38	1,35
Keramikbecher	0,0773	0,777

Tab. 6.1: Verformungsmaß Δs für verschiedene Objekte.

6.5   Taktile Sensorik

Das taktile Sensorsystem ist erforderlich, um Kontakte zwischen Roboterhand und Objekt detektieren zu können. Wie bereits in Abschn. 2.2.3 ausgeführt, sind wenige für diesen Zweck geeignete Sensoren verfügbar. Integrierte busfähige Lösungen, wie sie in Abschn. 6.1 für die propriozeptive Sensorik eingesetzt werden, sind als taktile Sensoren nicht erhältlich.

In einem ersten Ansatz wurde deshalb ein FSR-basiertes Sensorsystem mit I^2C-Schnittstelle zur Anbindung an das Microcontrollersystem entwickelt. Ergebnisse zu diesem taktilen Sensorsystem wurden in [Kraft et al., 2009] veröffentlicht. Es konnten damit zwar verschiedene haptische Explorationsprozeduren realisiert werden, für das in dieser Arbeit entwickelte potenzialfeldbasierte Verfahren erwies sich die Sensitivität der Sensoren jedoch als zu gering, da Kontakte mit der erforderlichen Mindestkontaktkraft gleichzeitig zu einer Verschiebung des Objekts führen.

6.5.1   Systemaufbau

Es wurde ein taktiles Sensorsystem mit taktilen Sensormodulen der Firma *Weiss Robotics* [Weiss, 2011] entwickelt, vgl. Abschn. 2.2.3. Bei den Sensormodulen handelt es sich um taktile Matrixsensoren der Formate 4×6 (Typ Weiss DSA 9330) und 4×7 (Typ Weiss DSA 9335). Die elektrische Schnittstelle der Sensoren umfasst einen 5-Bit-Adressbus zur Adressierung eines Matrixelements, auch Taxel genannt, sowie einen analogen Signalausgang. Dieser gibt den Kontaktdruck als Spannungspegel aus, der auf das aktuell adressierte Taxel einwirkt. Die Kantenlänge eines Taxels beträgt 3,8 mm.

Um die FRH-4-Roboterhand mit den Sensoren auszustatten, werden sieben Sensoren des kleineren Typs DSA 9330 in der Handfläche eingesetzt, sowie fünf Sensoren vom Typ DSA 9335 in den Fingerspitzen. Eine Bestückung der proximalen und

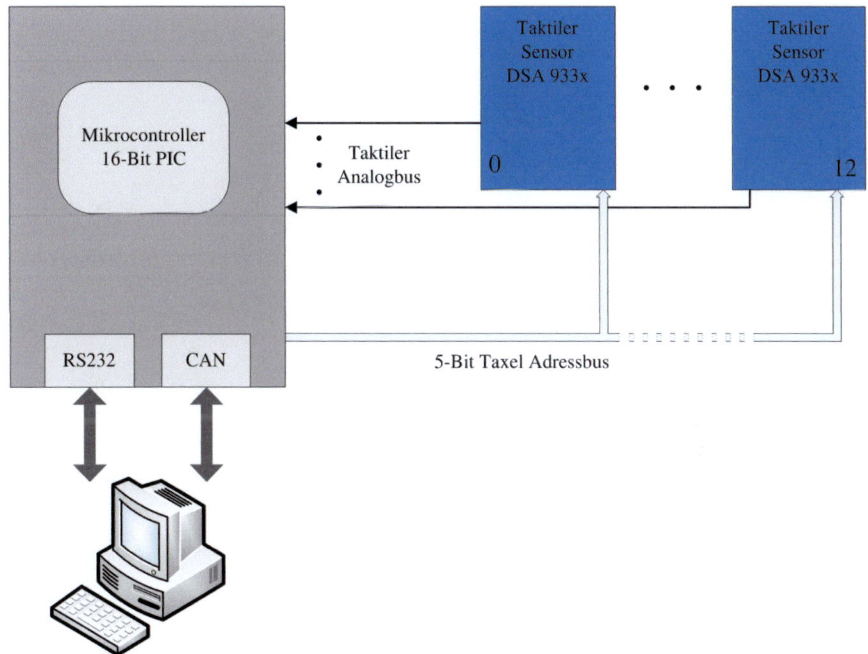

Abb. 6.16: Taktiles Sensorsystem, Schema.

mittleren Phalangen ist nicht möglich, da hier zu wenig Bauraum zur Verfügung steht. Im Unterschied zu der in [Göger et al., 2009] vorgeschlagenen Lösung, die auf den gleichen Sensoren basiert, wird hier eine eigene Microcontrollerlösung entwickelt, die besser in das mechatronische Gesamtsystem integrierbar ist. Auch eine direkte Verdrahtung der Sensoren mit dem existierenden Steuerungsmodul der Hand ist aus Bauraumgründen nicht möglich. Der schematische Aufbau des taktilen Sensorsystems ist in Abb. 6.16 dargestellt. In der praktischen Umsetzung bietet es sich an, die Sensoren auf eigene Leiterplatten für die beiden Hälften der Handfläche, sowie auf einen Leiterplattentyp für die Fingerspitzensensoren zu verteilen, siehe Abb. 6.17a. Der Microcontroller mit Peripheriebeschaltung wird sinnvollerweise auf der Rückseite der Leiterplatte des distalen Handflächensegments platziert. Mit diesem Zentralmodul werden die Fingerspitzenmodule sowie die Leiterplatte des proximalen Handflächensegments über flexible Flachkabel verbunden. Das Sensorsystem verfügt über

$$N = 5 \cdot (4 \times 7) + 7 \cdot (4 \times 6) = 308 \quad \textit{Taxel,}$$

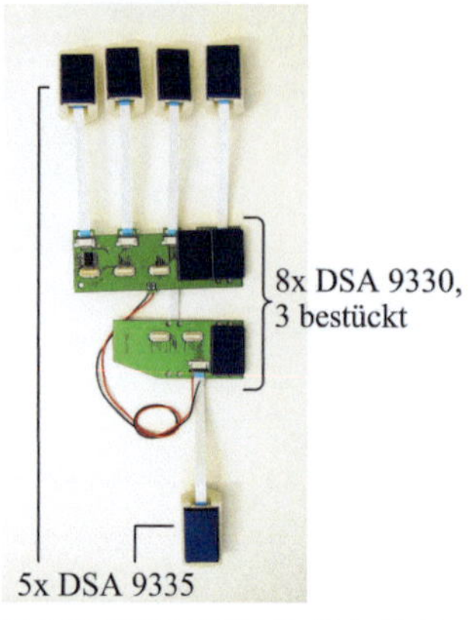

(a) Leiterplattensatz für das Sensorsystem.

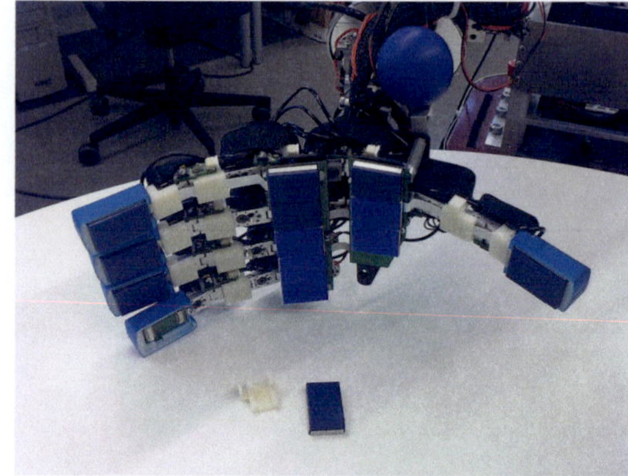

(b) FRH-4-Hand mit integrierter taktiler Sensorik.

Abb. 6.17: Taktiles Sensorsystem, Aufbau.

die in ihrer Gesamtheit als *taktiles Bild* bezeichnet werden. Das taktile Bild wird durch die Microcontrollersteuerung mit einer Abtastrate von 80 Hz bei 12 Bit analoger Auflösung abgetastet. Die taktilen Daten werden über CAN-Bus und RS232 als externe Kommunikationsschnittstellen zur Weiterverarbeitung an einen Steuer-PC übermittelt.

Das Sensorsystem wurde zunächst mit drei DSA 9335 an Daumen, Zeige- und Mittelfinger, sowie einem DSA 9330 Sensor auf dem proximalen Handflächensegment und zwei DSA 9330 Sensoren auf dem distalen Segment bestückt, siehe Abb. 6.17a. Mit dieser Konfiguration wurden alle folgenden Experimente durchgeführt. Abb. 6.17b zeigt die Hand mit integriertem Sensorsystem.

6.5.2   Kontaktkalibration

Für den Einsatz des taktilen Sensorsystems mit der Methode der potenzialfeldbasierten haptischen Exploration müssen Kontaktereignisse korrekt erkannt werden. Eine Messung der Kontaktkraft hingegen ist nicht erforderlich. Die eingesetzten Sensormodule liefern zwar ein mit der Kontaktkraft monoton steigendes Sensorsignal, jedoch bietet der Hersteller zur Messung der Kraft kein Kalibrationsverfahren an. Aufgrund der zeitlich veränderlichen Charakteristik des leitfähigen Polymers als eingesetztes Sensormaterial wäre hier auch lediglich eine qualitative Kontaktkraftschätzung möglich.

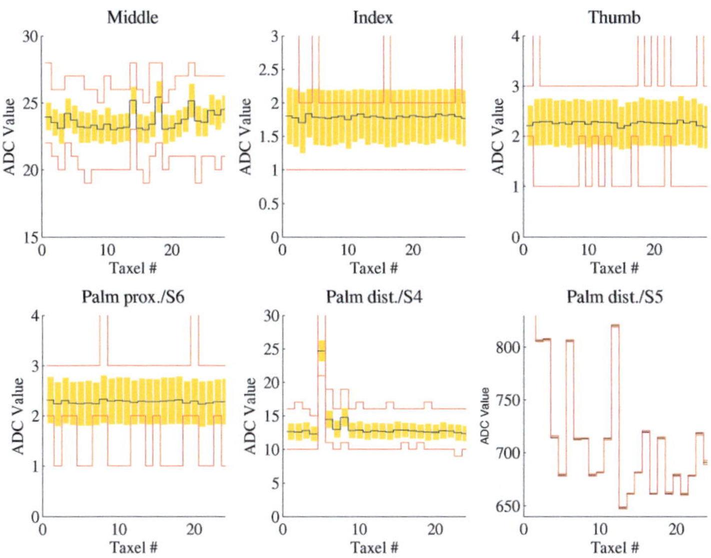

Abb. 6.18: Nullpunktkalibration und Grundrauschen der taktilen Sensoren. Rot: Max-/Min-Werte, Gelb: Bereich der Standardabweichung, Schwarz: Mittelwert.

In dieser Arbeit wurde deshalb nur eine Kontaktkalibration durchgeführt. Dazu wurde das taktile Bild der unbelasteten Sensoren über einen Zeitraum von 10 min messtechnisch aufgenommen. Aus den Daten wurden Maximal- und Minimalwerte S_{max}, S_{min} sowie der Mittelwert S_0 mit Standardabweichung σ_S für jeden Taxel berechnet, siehe Abb. 6.18. Es ist erkennbar, dass die Sensorwerte keinen einseitigen Drift aufweisen und das Rauschen der Taxel innerhalb eines Sensormoduls einen gemeinsamen Wert für die Standardabweichung aufweist. Hingegen kann der Mittelwert, der dem Nullpunkt des Messbereichs entspricht, von Taxel zu Taxel deutlich unterschiedlich sein. Dies fällt markant an den Taxeln von Sensor S5 des distalen Handflächensegments auf (Abb. 6.18 rechts unten).

Eine robuste, für jeden Taxel individuelle Kontaktschwelle wurde experimentell zu

$$S(i) = 3 \cdot \sigma_{S,i} + S_{max,i}, \quad \text{mit} \quad i \in \{0 \dots 23\} \quad \text{für DSA 9330}$$
$$\text{bzw.} \quad i \in \{0 \dots 27\} \quad \text{für DSA 9335,}$$

bestimmt, wobei i die Taxelnummer innerhalb der Sensormatrix bezeichnet. Gilt für den Signalpegel $u(i)$ eines Taxels $u(i) > S(i)$, so besteht ein Kontakt an diesem Taxel.

6.6   Zusammenfassung

Die Erweiterung der Roboterhand um ein umfassendes haptisches Sensorsystem ist Voraussetzung für den Einsatz zur haptischen Exploration und zur Durchführung geregelter Feinmanipulation. Durch die Integration von Winkelsensoren in allen beweglichen Bewegungsfreiheitsgraden ist die kinematische Konfiguration der Hand nun voll bestimmbar. Die neue Drucksensorik ermöglicht für jeden steuerbaren Aktor die Bestimmung der Druckbelastung und liefert durch Interpretation des physikalischen Aktormodells Rückschlüsse auf das ausgeübte Moment. Beide Sensorsysteme sind für die entwickelte momentenbegrenzte Positionsregelung erforderlich, welche das Einstellen von beliebigen kinematisch möglichen Handkonfigurationen unter Einhaltung maximal zulässiger Gelenkmomente erlaubt. Die in der Steuersoftware integrierten Methoden der Leckagediagnose und der Kontakterkennung ermöglichen ferner den robusten Einsatz der Roboterhand.
Zur Lokalisierung von Kontakten auf der Handoberfläche wurde ein verteiltes taktiles Sensorsystem auf Basis resistiver Matrixsensoren der Firma *Weiss Robotics* entwickelt. Mit den Sensoren wird ein Großteil der Handinnenfläche überdeckt.

Kapitel 7

Evaluierung in Simulation und Experiment

In diesem Kapitel werden Evaluierungsergebnisse der in Kap. 3 und Kap. 4 entwickelten Methoden zur haptischen Exploration und nachfolgenden Extraktion von Griffhypothesen vorgestellt. Beide Methoden werden zunächst unter Verwendung unterschiedlicher virtueller Szenen mit der in Abschn. 3.4.1 vorgestellten dynamischen Simulationsumgebung evaluiert. In den virtuellen Szenen werden physikalische Modelle verschiedener Objekte in unterschiedlichen Lagen exploriert. Die Methoden werden jeweils für zwei verschiedene Roboterkinematiken evaluiert, der eines Mitsubishi RM-501 Manipulators mit 6 Bewegungsfreiheitsgraden in Abschn. 7.3, sowie der Kinematik des humanoiden Roboters ARMAR-III [Asfour et al., 2006] in Abschn. 7.4. Als Manipulatorwerkzeug wird in beiden Fällen die in Abschn. 3.3 beschriebene anthropomorphe FRH-4-Roboterhand [Gaiser et al., 2008] eingesetzt.

Die Performanz der Explorationsmethode wird durch Vergleich der Oberflächenüberdeckung der erzeugten haptischen Punktmenge mit Referenzdaten ermittelt. Zur Evaluierung der Griffhypothesen werden Standardverfahren für die Bestimmung der Griffqualität eingesetzt.

Im letzten Abschnitt dieses Kapitel finden sich die Ergebnisse der experimentellen Validierung der vorgestellten potenzialfeldbasierten haptischen Explorationsmethode auf dem Roboter ARMAR-III.

7.1 Konfiguration der Simulationsumgebung

Die initialen Schätzwerte für die Exploration werden zunächst, wie in Abschn. 3.5.1 beschrieben, durch Bestimmung des begrenzenden kubischen Volumens des jeweiligen Simulationsmodells erzeugt. In diesem Explorationsraum wird die initiale Menge der attraktiven Potenzialquellen P_a äquidistant angeordnet.

Der verwendete Dynamiksimulator kann nur eingeschränkt nicht-konvexe Geometrien verarbeiten. So können Kollisionen mit Objekten, die ausgeprägte Konkavitäten oder Löcher in der Oberfläche aufweisen, nicht korrekt erfasst werden. Mit diesem Hintergrund wurden 3-D-Simulationsmodelle folgender Objekte verwendet:

- Kugeln der Radien $r \in \{2; 3,2; 5\}$ cm

- Zylinder unterschiedlicher Radien r und Höhe h. Die Zylindergröße wird im Format $rXhYY$ angegeben, wobei X den Radius und YY die Höhe bestimmt, beide Angaben in der Einheit cm. Folgende Zylinder werden verwendet: $\{r4h4; r3h9; r3h16\}$

- Ein Telefonhörer

- Der Stanford-Hase [Stanford, 2011]

- Eine Normbrunnenflasche

Das Simulationsmodell des zu explorierenden Objektes wurde virtuell fixiert, so dass es sich bei Berührung mit dem Roboter nicht bewegen kann. Das Objekt schwebt dabei im Arbeitsraum des Roboters, es befinden sich keine weiteren bekannten oder unbekannten Hindernisse in seiner Nähe. Die Simulationsdauer wurde auf 2300 Iterationen mit einer Schrittweite von $T = 0{,}04$ s begrenzt. Die simulierte Schwerkraft wurde zu $g_N = 9{,}81$ ms^{-2} festgelegt. Für die Oberflächenreibung wurde das Coulombmodell mit einem Reibungskoeffizienten von $\mu = 0{,}5$ angesetzt.

7.2 Kriterium zur Bewertung der haptischen Exploration

Für die Bewertung der haptischen Explorationsmethode muss ein objektives Kriterium verwendet werden. Es bietet sich ein unmittelbarer Vergleich der durch die

Exploration bestimmten 3-D-Punktmenge mit einem Referenzmodell des explorierten Objektes an. Hierfür wurde daher ein Index S definiert, der das Verhältnis zwischen der explorierten Oberfläche A_{pc} und der Gesamtoberfläche A_{ref} eines Objektes angibt,

$$S = \frac{A_{pc}}{A_{ref}} \quad .$$

Dieser Index wird im Folgenden als *Oberflächenüberdeckung* bezeichnet. Für die Berechnung ist ein geometrisches Referenzmodell des Objektes erforderlich. Die Modelle der Explorationsobjekte liegen für die Simulationsversuche bereits in Form von Dreiecksnetzen vor [OMWDB, 2007]. Diese Modelldaten bestehen aus einer Knotenpunktmatrix V und einer Triangulationsmatrix T.

Bei der Indexbestimmung werden jedem Kontaktpunkt, der sich innerhalb einer Entfernung r_m zur Oberfläche des Referenzmodells befindet, die entsprechenden Dreiecke zugeordnet. Daraus lässt sich ein Oberflächenanteil für jeden Kontaktpunkt bestimmen, der aus der Flächensumme der zugeordneten Dreiecke besteht. Damit die Oberflächenanteile vergleichbar sind, müssen die Dreiecke von gleicher Größe und Form sein. Jedoch sind solche homogenen Dreieckspartitionierungen von 3-D-Oberflächen schwierig zu bestimmen und erzeugen in der Regel äußerst speicherintensive Modelle. Deshalb wird eine annähernd homogene Dreieckspartitionierung verwendet, bei der alle Dreiecke solange unterteilt werden bis für die kleinste auftretende Dreieckskantenlänge $l < l_{max}$ gilt. Dabei wird l_{max} in der Größenordnung der räumlichen Auflösung der taktilen Sensorik gewählt.

Zur Bestimmung von S sind folgende Schritte notwendig:

1. Idealerweise liegen die Knotenpunkte des Referenzdreiecksnetzes bereits auf einem regelmäßigen Gitter der Gitterkonstanten $\varepsilon = l_{max}$. In der Regel ist dies jedoch nicht der Fall. Dann werden im ersten Schritt alle Dreiecke in T mit einer längsten Kantenlänge $l > l_{max}$ durch Dreieckspartitionierung weiter unterteilt. In dieser Arbeit wurde dafür das 4T-SS (Abk. engl. *Four Triangle Self-Similar*)-Partitionierungschema verwendet, siehe [Padrón et al., 2007]. Damit wird ein verfeinertes Dreiecksnetz in Knotenpunktmatrix $\hat{V}$ und Triangulationsmatrix $\hat{T}$ erzeugt, welches eine räumliche Auflösung $\varepsilon < l_{max}$ sicherstellt.

2. Es werden die geometrischen Schwerpunkte aller m Dreiecke aus $\hat{T}$ als Referenzpunktmenge $\hat{P}_{ref}$ berechnet. Außerdem wird der Flächeninhalt aller

durch $\hat{T}$ definierten Dreiecke $\hat{A}_{ref}$ bestimmt, und deren Gesamtfläche A_{ref} berechnet

$$A_{ref} = \sum_{j=0}^{m} \hat{A}_{ref}(j) \quad .$$

3. Es werden die Indizes I der Punkte aus der Explorationspunktmenge $x \in P_{pc}$ ermittelt, die innerhalb einer Entfernung r_m zu Punkten $x_{ref} \in \hat{P}_{ref}$ liegen. Im Folgenden wird r_m deshalb als *Matchingradius* bezeichnet. Die Menge der aus dem Referenzmodell zugeordneten Dreiecksflächen A_m wird wie folgt bestimmt:

$$\begin{aligned} I \ :=\ & \{i \in \{0...m\}| \quad ||x(j) - x_{ref}(i)|| < r_m \\ & \wedge (x \in P_{pc}) \wedge (x_{ref} \in \hat{P}_{ref}) \wedge j \in \{0...n\} \wedge n = |P_{pc}|\} \\ A_m \ :=\ & \{a(i) : i \in I \wedge (a \in \hat{A}_{ref})\} \quad . \end{aligned}$$

4. Die Oberflächenüberdeckung kann nun durch

$$S = \frac{\sum_{i=0}^{n} A_m(i)}{A_{ref}} = \frac{A_{pc}}{A_{ref}}$$

berechnet werden.

Zum besseren Verständnis wird die Oberflächenüberdeckung im Folgenden in Prozent (%) angegeben. Für die Evaluierung der Simulationsergebnisse wurde $l_{max} = 5$ mm angenommen.

7.3 Simulationsergebnisse mit dem Modell eines Manipulators

Eine erste Versuchsreihe wurde auf Basis des Modells eines Mitsubishi RM-501 Manipulatorarms durchgeführt. Dieser Robotertyp verfügt standardmäßig lediglich über 5 Bewegungsfreiheitsgrade und wurde für den Versuch um einen weiteren Bewegungsfreiheitsgrad unmittelbar vor dem TCP erweitert. So kann die Hand eine größtmögliche Zahl von Orientierungen einnehmen. Der halbkugelförmige Arbeitsraum hat einen Radius von 0,65 m. Die Objekte werden in unterschiedlichen Entfernungen auf Höhe von 0,19 m in y-Richtung oberhalb der Manipulatorbasis schwebend platziert. Auf diese Weise kann der Manipulator auch die Unterseite der Objekte explorieren.

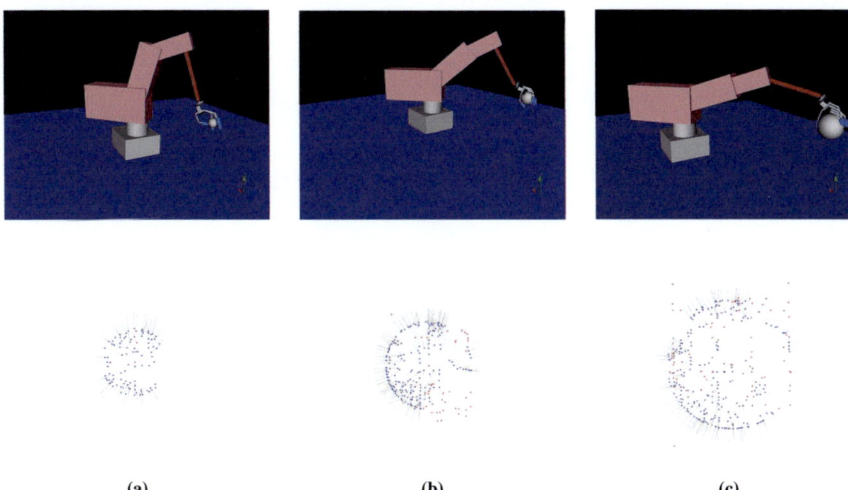

(a)   (b)   (c)

Abb. 7.1: Taktile Exploration von Kugeln mit unterschiedlichem Radius und unterschiedlicher Entfernung. a: $r = 2$ cm, $d = 0{,}35$ m. b: $r = 3{,}2$ cm, $d = 0{,}49$ m. c: $r = 5$ cm, $d = 0{,}63$ m.

7.3.1 Oberflächenüberdeckung der Explorationsdaten

Die Oberflächenüberdeckung der während der Exploration gewonnenen orientierten Punktmengen wurde im Vergleich zum jeweiligen Referenzmodell nach der in Abschn. 7.2 beschriebenen Methode bestimmt. Hierfür wurde ein Matchingradius von $r_m = 6$ mm angenommen, entsprechend einer Toleranz von 2 Taxeln beim in Abschn. 6.5 beschriebenen Sensorsystem. Damit ergibt sich ein mittlerer Wert für den tatsächlichen Matchingradius von $r_{mm} = 4{,}05$ mm mit einer Standardabweichung von $\sigma_m = 1{,}31$ mm für alle explorierten Simulationsmodelle. Die Abbildungen 7.1, 7.3, 7.5 und 7.7 zeigen in der oberen Zeile jeweils Standbilder aus der virtuellen Szene während der Simulation und in der unteren Zeile die durch die Exploration erzeugten orientierten Punktmengen als blaue Punkte mit Normalenvektoren (graue Linien). Als rote Punkte sind die zum Simulationsende verbliebenen attraktiven Potenzialquellen dargestellt.

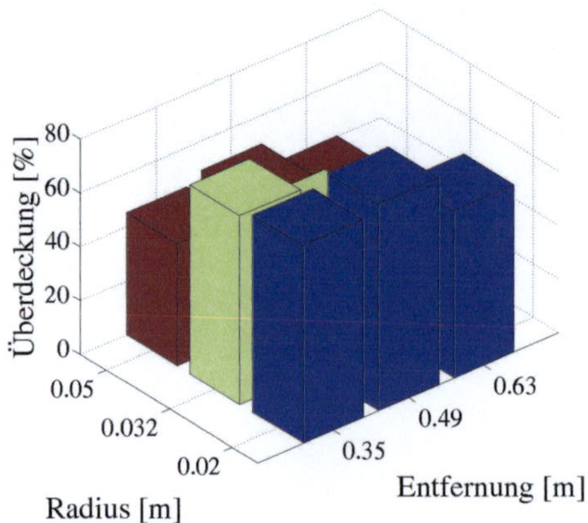

Abb. 7.2: Oberflächenüberdeckung für Kugeln unterschiedlicher Radien und Entfernung.

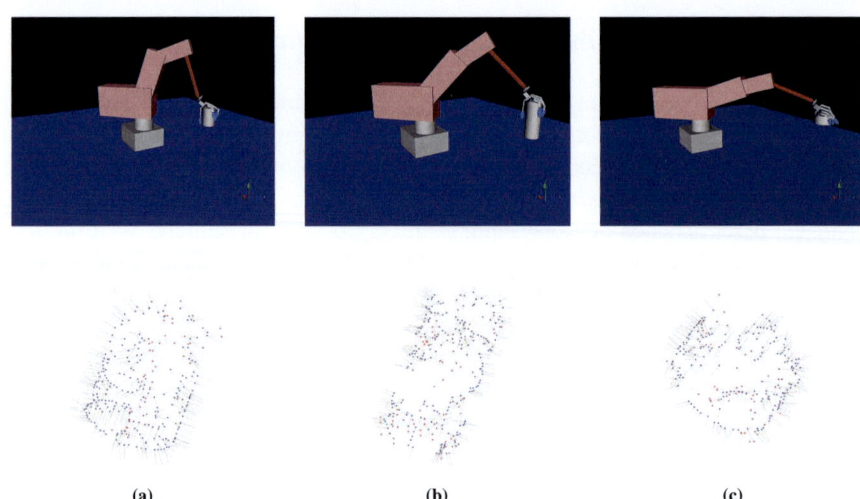

(a)   (b)   (c)

Abb. 7.3: Taktile Exploration von Zylindern unterschiedlicher Radien und Höhen. a: Größe $r3h9$, $d = 0{,}35$ m. b: Größe $r3h16$, $d = 0{,}49$ m. c: Größe $r4h4$, $d = 0{,}63$ m.

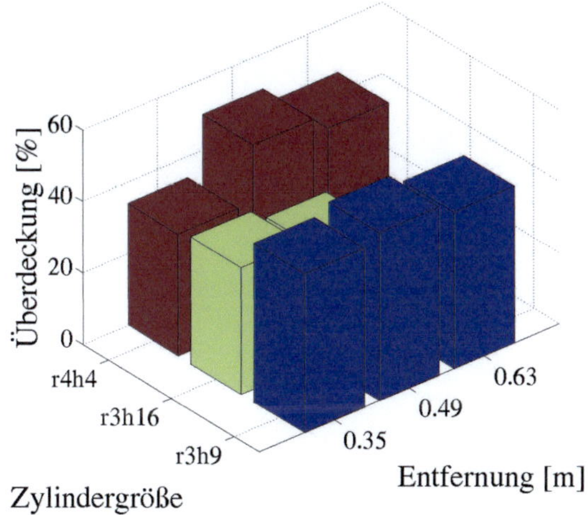

Abb. 7.4: Oberflächenüberdeckung für Zylinder unterschiedlicher Größe.

Abb. 7.2 zeigt die Oberflächenüberdeckung für Kugeln unterschiedlicher Größe in unterschiedlicher Entfernung zur Roboterbasis als Balkendiagramm. Die Entfernungen wurden so gewählt, dass der Roboter an diesen Positionen bedingt durch die Einschränkungen seines Arbeitsraumes unterschiedlich gut manipulieren kann. Die optimale Manipulierbarkeit liegt bei der mittleren Entfernung von $d = 0{,}49$ m. Im Falle der Kugel nimmt die Oberflächenabdeckung mit zunehmender Entfernung und zunehmendem Radius ab. Dabei kann die Oberfläche der kleinsten Kugel mit einem Radius von 0,02 m zu etwa zwei Dritteln exploriert werden. Beispiele für die erfassten haptischen Punktmengen sind in Abb. 7.1 dargestellt. In einem ähnlichen Experiment wurden Zylinder unterschiedlicher Radien und Höhen exploriert, siehe Abb. 7.3 und Abb. 7.4. Die Zylinder wurden für die Exploration in den gleichen Entfernungen wie zuvor die Kugeln positioniert. Dabei konnte in nahezu allen Fällen die Zylinderoberfläche zu mehr als einem Drittel erfasst werden.

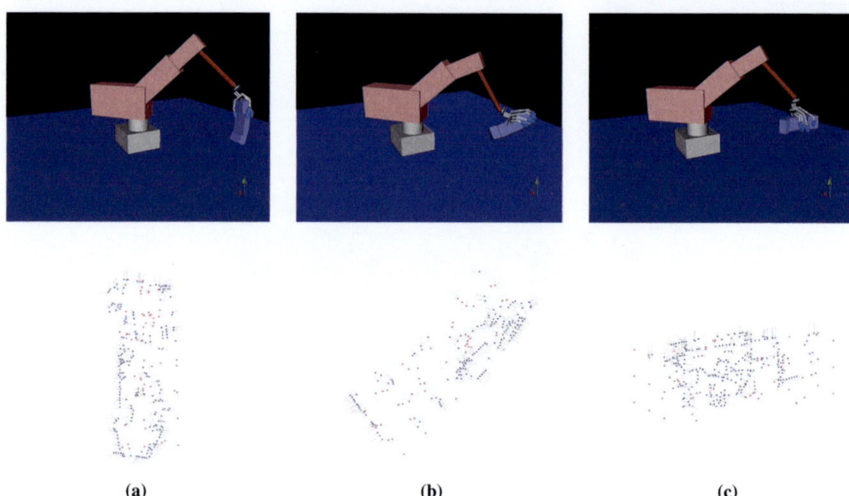

(a)   (b)   (c)

Abb. 7.5: Taktile Exploration eines Telefonhörers in unterschiedlichen Lagen. a: $\alpha = 0°$, $\gamma = 0°$. b: $\alpha = 45°$, $\gamma = 45°$. c: $\alpha = 90°$, $\gamma = 90°$.

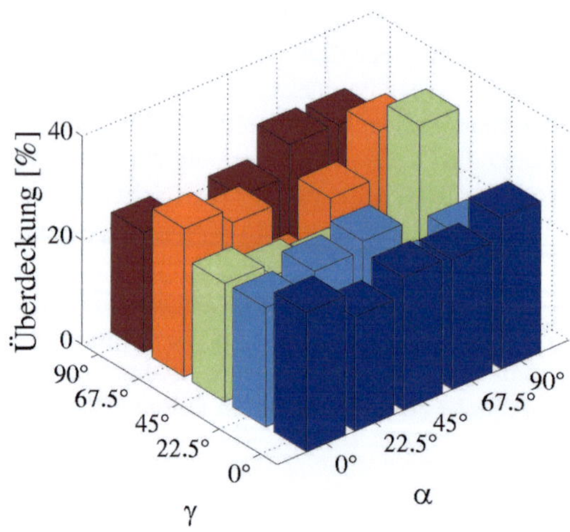

Abb. 7.6: Oberflächenüberdeckung eines Telefonhörers in unterschiedlichen Lagen.

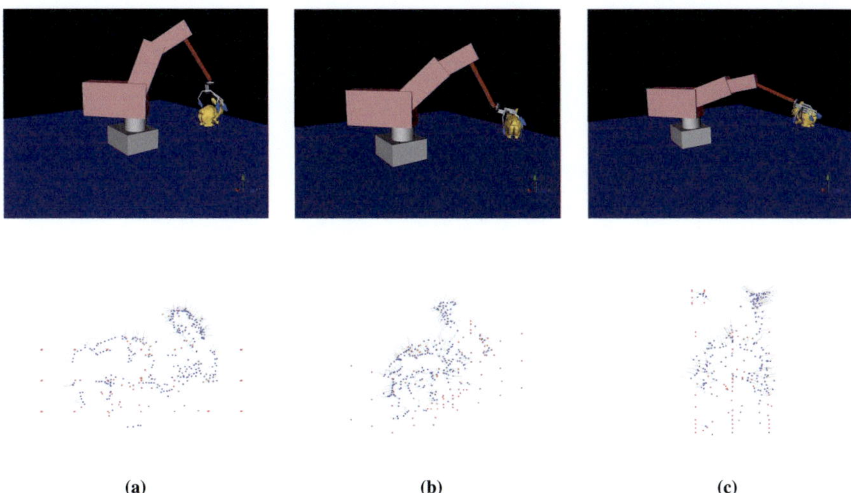

(a)   (b)   (c)

Abb. 7.7: Taktile Exploration einer Hasenfigur in unterschiedlicher Entfernung und Rotation mit Winkel β um die y-Achse. a: $d = 0{,}35$ m, $\beta = 0°$. b: $d = 0{,}49$ m, $\beta = 45°$. c: $d = 0{,}63$ m. $\beta = 90°$.

Als Beispiel für ein kantiges Objekt mit unstetigen Änderungen der Oberflächenorientierung wurde ein Telefonhörermodell exploriert, siehe Abb. 7.5. Das Objekt wurde in mittlerer Entfernung von von $d = 0{,}49$ m zum Roboter in unterschiedlichen Lagen positioniert. Dabei wurde das Objekt mit einer Euler-Rotation zunächst mit dem Winkel α um die z-Achse des Weltkoordinatensystems und anschließend mit dem Winkel γ um die neue x-Achse gedreht. So stimmen in den meisten Fällen keine Hauptachsen des Objektes mit den Achsen des Weltkoordinatensystems überein und das einhüllende Quadervolumen des Explorationsraums hat für jede Lage des Objektes eine unterschiedliche Größe. Die Ergebnisse in Abb. 7.6 liegen in der Größenordnung von 25% Oberflächenüberdeckung und zeigen, dass das Verfahren auch für Objekte mit unstetigen Oberflächennormalen angewendet werden kann. Schließlich wurde eine Variante des Stanford-Hasen als Beispiel für ein Objekt mit deutlichen Konkavitäten exploriert, vgl. Abb. 7.7. Das Simulationsmodell wurde aus dem Originalmodell [Stanford, 2011] erzeugt. Die Anzahl der Dreiecke wurde von 69451 auf 325 reduziert, um den Rechenaufwand für die Simulation zu verringern. Das Modell wurde an den gleichen Positionen wie auch die Kugel- und Zylindermodelle exploriert und dabei in unterschiedlichen Lagen platziert. Im Explorationsverlauf entstehen deutlich häufiger strukturelle Minima, da die Finger

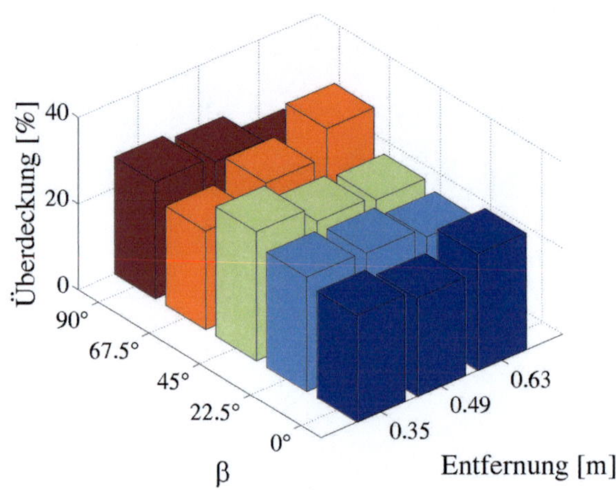

Abb. 7.8: Oberflächenüberdeckung einer Hasenfigur in unterschiedlicher Entfernung und Rotation mit Winkel β um die y-Achse.

nicht immer stetig an den Oberflächenhindernissen entlang gleiten können. Aus den Werten für die Oberflächenüberdeckung in Abb. 7.8 ist ersichtlich, dass etwa ein Viertel der Objektoberfläche exploriert werden konnte.

7.3.2 Extraktion von Griffhypothesen

Auf Grundlage der durch die Exploration gewonnenen Punktemenge wurden Griffhypothesen für die unterschiedlichen Objekte generiert. Abb. 7.9a zeigt beispielhaft die ermittelten 6 besten Griffhypothesen. Die Farbe der Flächenpaare $\{f_1, f_2\}$ entspricht der absteigenden Bewertungszahl $s(f_1, f_2)$ in der Reihenfolge: rot, grün, blau, magenta, türkis, gelb. Die grauen Punkte markieren die Zentren der Einzelflächen, die als Mittelwert aller Punkte bestimmt wurden, aus denen sich die jeweilige Flächen zusammensetzen. Damit entspricht der graue Punkt auf der jeweils kleineren Fläche dem Zielpunkt für den Daumen. Die farbigen Linien verbinden zur Verdeutlichung zugehörige Flächen miteinander. In Abb. 7.9b sind die Griffhypothesen mit der besten Bewertungszahl $s(f_1, f_2)$ für die jeweiligen Objekte dargestellt. Die farbigen Punkte markieren die Zielpositionen für Zeigefinger (rot), Mittelfinger (grün), Ringfinger (türkis) und den kleinen Finger (gelb). Dabei sind die Zielpunkte für Ring- und Zeigefinger nur dargestellt, wenn diese aufgrund der

Flächengröße für den Griff verwendet werden sollen. Der schwarze Punkt markiert die Position für die anziehende Potenzialquelle zur TCP-Positionierung zu Beginn der Annäherungsphase des Griffes.

Alle Ergebnisse wurden mit den in Tab. 7.1 angegebenen Filtereinstellungen erzielt, vgl. Abschn. 4.2. Diese wurden auf Größe und Konfigurationsraum der FRH-4-Roboterhand abgestimmt.

Filter	Parameter	Wert
Parallelität	ϕ_{max}	$20°$
Min. Fläche	a_{min}	$0,2\ \text{cm}^2$
Min. Fläche	k_a	10
Lok. plan. Zug.	a_{min}	$0,05\ \text{cm}^2$
Lok. plan. Zug.	k_{mv}	2
Entfernung	d_{min}	$0,5\ \text{cm}$
Entfernung	d_{max}	$7\ \text{cm}$

Tab. 7.1: Filtereinstellungen für die geometrischen Filter bei Verwendung der FRH-4-Roboterhand.

Zum Vergleich mit klassischen Greifplanungsmethoden wurden für Griffhypothesen mit einer minimalen Bewertungszahl $s > 0,01$ die folgenden Qualitätsmerkmale der Griffhypothese bestimmt:

- Überprüfung auf Kraftschluss [Nguyen, 1987],

- Berechnung des normierten Volumens V des Wrench-Vektorraumes [Ferrari und Canny, 1992],

- Berechnung des minimal erforderlichen normierten Wrenches ε_{min}, um einen Griff zu destabilisieren [Ferrari und Canny, 1992].

Die Ergebnisse für die explorierten Objekte aus Abschn. 7.3.1 finden sich als Mittelwerte über die verschiedenen untersuchten Lagen in Tab. 7.2. Dabei bezeichnet N die mittlere Anzahl der durch den geometrischen Filtersatz gefundenen Griffhypothesen und R_q den Prozentsatz der stabilen Griffe bezogen auf N.

(a) Griffhypothesen mit der höchsten Bewertung.　　　(b) Geplante Griffpunkte für die beste Hypothese.

Abb. 7.9: Typische Simulationsergebnisse, von oben nach unten: Kugel $r = 0{,}032$ m, Zylinder r3h16 , Telefonhörer, Stanford-Hase.

Für die kleinen und mittelgroßen Kugeln konnten so in den meisten Fällen erfolgversprechende Griffe extrahiert werden. Für die große Kugel konnten in keinem Fall Griffe ermittelt werden, da diese durch den Parameter d_{max} des Flächenabstandsfilter ausgefiltert werden; die Kugel ist also zu groß um gegriffen zu werden. Auch für die unterschiedlichen Zylinderkonfigurationen können aus dem Großteil der erzeugten Punktmengen stabile Griffe extrahiert werden. Die Anzahl der Griffhypothesen nimmt mit der Größe des Objekts ab, da damit gleichzeitig die Wahrscheinlichkeit sinkt, dass gegenüberliegende Flächen in zulässiger Entfernung $d < d_{max}$ gefunden werden. Gleiches trifft für die Ergebnisse des Telefonhörermodells zu. Eine einzelne Ausnahme tritt bei der Lage $\{\alpha = 22{,}5°, \gamma = 22{,}5°\}$ auf, hier wird die Griffhypothese mit der höchsten Bewertung gleichzeitig als instabil bewertet. Auch aus den Explorationsergebnissen des Stanford-Hasen lassen sich bis auf eine Ausnahme bei $\{d = 0{,}63\,\mathrm{m}, \beta = 62{,}5°\}$ stabile Griffhypothesen extrahieren.

Objekt		N	R_q	ε_{min}	V
Kugel	$r = 2{,}0$ cm	8,3	100,00	5,60e-2	1,16e-2
	$r = 3{,}2$ cm	18,7	98,96	9,56e-2	1,71e-2
	$r = 5{,}0$ cm	0	-	-	-
Zylinder	$r3h9$	12,7	87,78	5,36e-2	9,46e-3
	$r3h16$	7,0	90,56	5,84e-2	1,20e-2
	$r4h4$	1,3	100,00	8,68e-2	1,46e-2
Telefonhörer		4,8	97,25	4,46e-2	4,78e-3
Häschen		11,8	97,50	4,52e-2	7,09e-3

Tab. 7.2: Anzahl und Qualität der ermittelten Griffhypothesen (Mittelwerte).

Allgemein lässt sich sagen, dass durch die geometrische Filterung bei gekrümmten Objekten erwartungsgemäß weniger Griffhypothesen bestimmt werden können, da hier der Parameter ϕ_{max} für die zulässige Abweichung der Flächenparallelität begrenzend wirkt.

7.4 Simulationsergebnisse mit dem humanoiden Roboter ARMAR-III

Zur Untersuchung der Explorationsmethode mit der Kinematik des Roboters ARMAR-III und für Vorbereitung der experimentellen Evaluierung wurden weitere

Explorationsversuche in der Simulation durchgeführt. Dazu wurde ein dynamisches Modell des Roboters ARMAR-III mit VMC verwendet. Darüber hinaus wurden die taktilen Sensorflächen entsprechend dem realen Sensorsystem aus Abschn. 6.5 modelliert. Es sind zwei verschiedene taktile Sensormodelle verfügbar:

- **Vereinfachtes Sensormodell** (ohne Kontaktfilterung): Es werden alle Kontaktsituationen auf der gesamten Oberfläche der distalen Fingerglieder sowie der Handinnenfläche erkannt und lokalisiert.

- **Reales Sensormodell** (mit Kontaktfilterung): Es werden ausschließlich Kontakte auf den Sensorflächen an den distalen Fingergliedern sowie in der Handinnenfläche erkannt und lokalisiert. Darüber hinaus werden die Kontakte jeweils auf den Mittelpunkt des entsprechenden Taxels projiziert. So wird die Diskretisierung des taktilen Bildes durch die eingesetzte Sensorik nachgebildet.

Im Folgenden werden die Explorationsergebnisse für beide Sensormodelle verglichen.

Da ARMAR-III über einen anderen Arbeitsraum als der in Abschn. 7.3 eingesetzte RM-501 Manipulator verfügt, werden die Versuchsobjekte für die Exploration in anderer Weise positioniert. Abb. 7.10a zeigt alle Positionen, an denen die Objekte zur Evaluierung platziert sind, aus der Vogelperspektive. Die Positionen liegen in einer Ebene mit konstanter Höhe von 1 m in y-Richtung, dies entspricht der Hüfthöhe des Roboters. An diesen Positionen kann der Roboter die Objekte nicht mit dem Arm von unten anfahren. Die Exploration beginnt stets oberhalb oder von der rechten bzw. vorderen Seite des Objektes, betrachtet aus Sicht des Roboters. Dies bedeutet eine große Reduzierung des Konfigurationsraums für die Exploration im Vergleich zur Versuchsszene mit dem Manipulator in Abschn. 7.3.

Während der Exploration wird der rechte Arm des Roboters eingesetzt. Um Eigenkollisionen während der Exploration zu verhindern, wurde das Simulationsmodell um eine Schutzgeometrie für den Unterarm erweitert, wie in Abschn. 3.4.1 beschrieben. In den Abbildungen 7.10b-f ist die Schutzgeometrie als halbtransparenter Zylinder um den rechten Unterarm zu erkennen. Mit dieser Maßnahme wird sichergestellt, dass der Unterarm während der Exploration nicht mit dem Torso kollidiert. Die Abbildungen zeigen außerdem jeweils einen Szenenausschnitt während der Exploration der unterschiedlichen Objekte durch den Roboter.

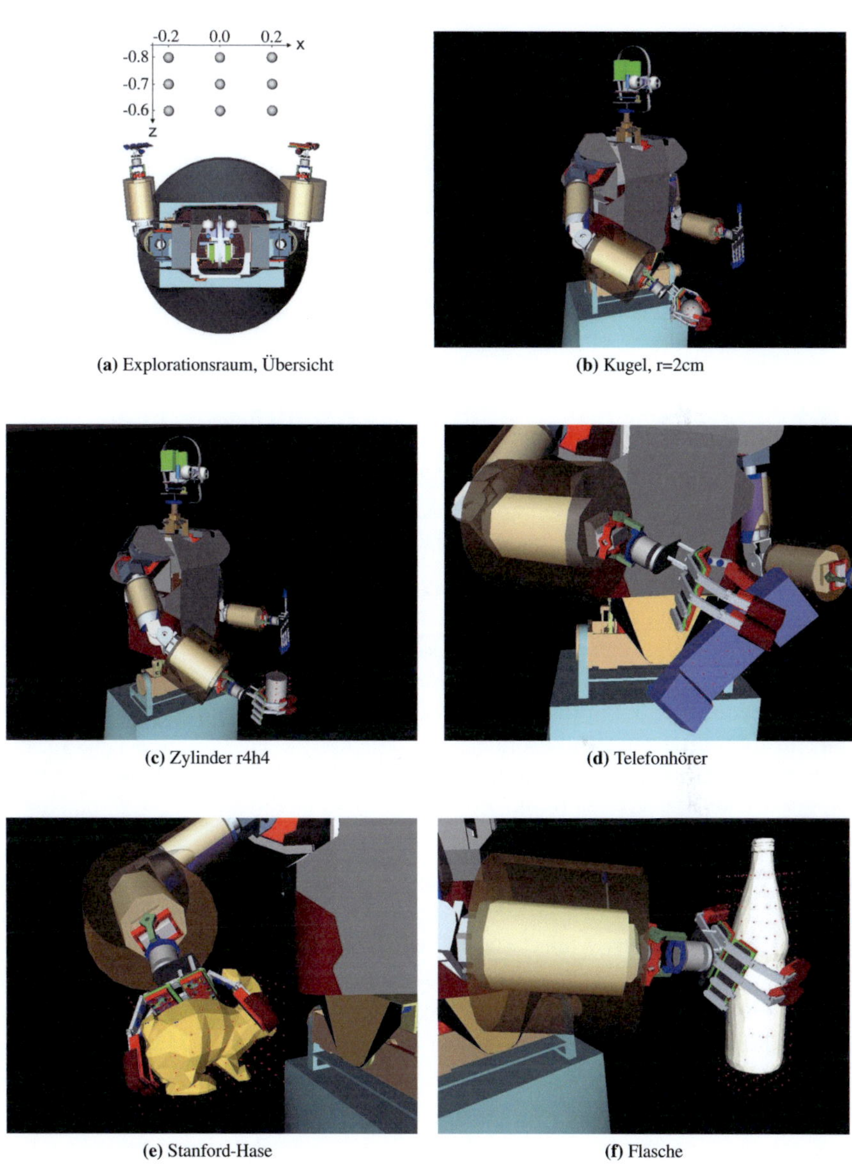

(a) Explorationsraum, Übersicht

(b) Kugel, r=2cm

(c) Zylinder r4h4

(d) Telefonhörer

(e) Stanford-Hase

(f) Flasche

Abb. 7.10: Szenenausschnitte: Haptische Exploration verschiedener Objekte mit dem humanoiden Roboter ARMAR-III.

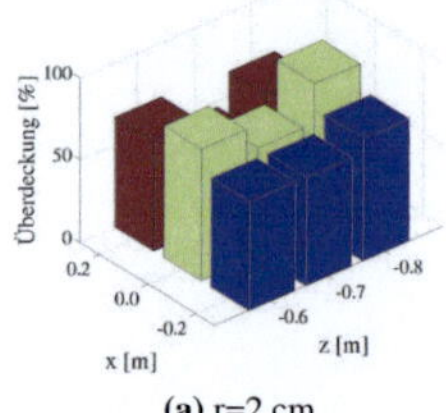

(a) r=2 cm

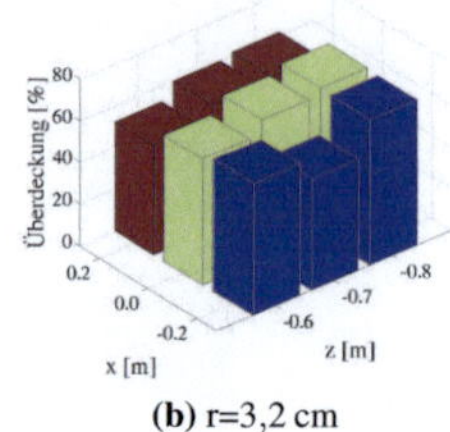

(b) r=3,2 cm

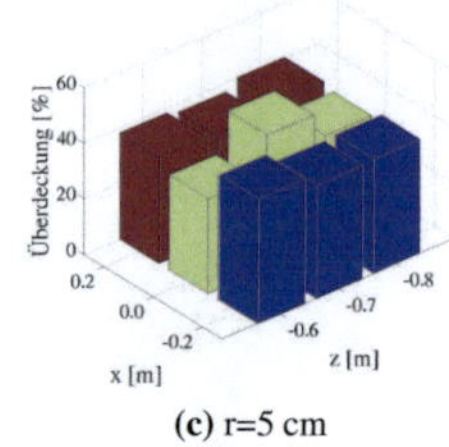

(c) r=5 cm

Abb. 7.11: Oberflächenüberdeckung für Kugeln unterschiedlicher Radien an unterschiedlichen Positionen.

7.4.1 Oberflächenüberdeckung der Explorationsdaten

Für diese Versuchsreihe wurde die Kontaktfilterung, wie zuvor beschrieben, deaktiviert. Bei diesem Sensormodell können Kontakte auf der gesamten Oberfläche der distalen Phalangen und der Handinnenfläche lokalisiert werden.

Die Ergebnisse zur Oberflächenüberdeckung der Explorationsdaten unterschiedlich großer Kugeln sind in Abb. 7.11 dargestellt. Die Höhe eines einzelnen Balken innerhalb des jeweiligen Diagrammes gibt die Oberflächenüberdeckung für die entsprechende Position des Arbeitraums an, siehe dazu auch Abb. 7.10a. Die Oberflächenüberdeckung nimmt mit zunehmender Größe der Kugel ab, wobei sich für die mittlere Lage, besonders im Falle der beiden größeren Kugeln, die höchsten Werte ergeben. Die Größenordnung der Oberflächenüberdeckung stimmt gut mit den Werten aus den Explorationsdaten überein, die mit dem Manipulator in Abschn. 7.3 gewonnen wurden.

In Abb. 7.12 sind die Werte der Oberflächenüberdeckung der Explorationsdaten unterschiedlich großer Zylinder dargestellt. Die Zylinder wurden jeweils an den Versuchspositionen aus Abb. 7.10a mit der Längsachse in y-Richtung platziert. Auch hier nimmt der Wert der Oberflächenüberdeckung mit der Objektgröße ab. Die Oberflächenüberdeckung ist für Platzierungen im vorderen Bereich des Arbeitsraumes, also unmittelbar vor der Roboterhand, deutlich höher als in den übrigen Gebieten.

Für den Telefonhörer wurden ebenso wie in den Untersuchungen mit dem Manipulator nur die Explorationsergebnisse für unterschiedliche Rotationen betrachtet. Der Telefonhörer wurde dazu an der zentralen Position $\{0{,}0;\ 1{,}0;\ -0{,}6\}$ in unterschiedlichen Rotationslagen exploriert. Der Telefonhörer wurde mit einer Euler-Rotation zunächst mit dem Winkel α um die z-Achse des Weltkoordinatensystems und

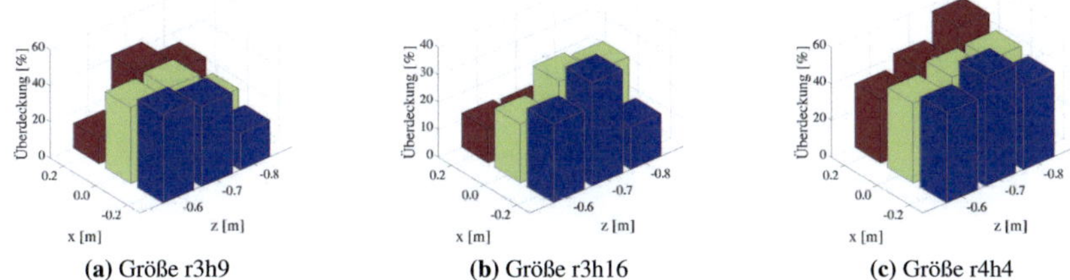

| (a) Größe r3h9 | (b) Größe r3h16 | (c) Größe r4h4 |

Abb. 7.12: Oberflächenüberdeckung für Zylinder unterschiedlicher Größe an unterschiedlichen Positionen.

anschließend mit dem Winkel γ um die neue x-Achse gedreht. Die Ergebnisse sind in Abb. 7.13a dargestellt. Hier zeigt sich kein einheitliches Bild, es können Oberflächenüberdeckungen zwischen 8% und 25% lageabhängig erreicht werden. Hier erzielen Orientierungen, bei denen große Teilflächen des Telefonhörers in Richtung der Ausgangsstellung der rechten Hand weisen, die höchsten Oberflächenüberdeckungen. Die Exploration des Stanford-Hasen mit dem Roboter ARMAR-III führt zu ähnlichen Werten für die Oberflächenüberdeckung wie beim Manipulator, vgl. Abb. 7.13b. Die mittlere Oberflächenüberdeckung beträgt 22%.

Als weiteres Testobjekt wurde das maßstabsgetreue Modell einer Flasche exploriert. Die Ergebnisse der Oberflächenüberdeckung erweisen sich als uneinheitlich über unterschiedliche Objektlagen, siehe Abb. 7.13c. Im Mittel wird ein Wert von 13,3% erzielt.

Die zuvor beschriebenen Simulationen wurden nochmals mit dem realen Sensormodell durchgeführt und die mittleren Werte der Oberflächenüberdeckung mit den entsprechenden Werten des vereinfachten Sensormodells, also bei ausgeschalteter Kontaktfilterung, verglichen, siehe Tab. 7.3. Der Wert $\Delta\overline{S}$ gibt die Änderung der mittleren Oberflächenüberdeckung gegenüber dem mit dem realen Sensormodell erreichten Wert an. Es wird hierbei deutlich, dass die Oberflächenüberdeckung mit diesem Sensormodell deutlich abnimmt. Das reale Sensormodell entspricht der real verfügbaren taktilen Sensorkonfiguration und detektiert nur Kontakte, die auf der Sensoroberfläche auftreten. Kontakte außerhalb der Sensoroberfläche werden nicht erkannt. Die Abnahme der Oberflächenüberdeckung ist darauf zurückzuführen, dass nicht alle Kontakte detektiert werden, da diese auf Teilen der Handoberfläche auftreten, auf denen sich kein Sensor befindet.

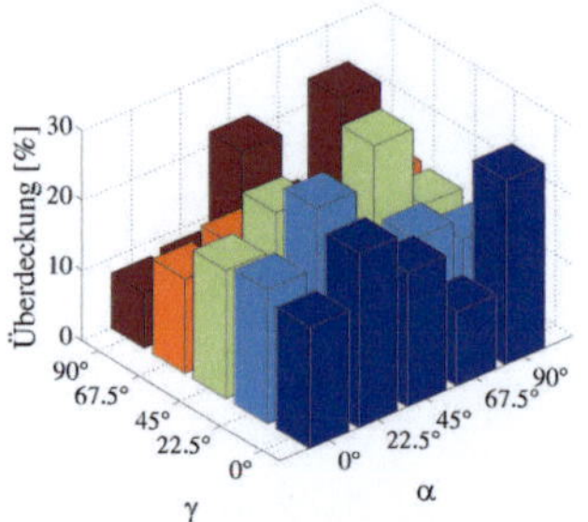

(a) Telefonhörer in unterschiedlichen Lagen.

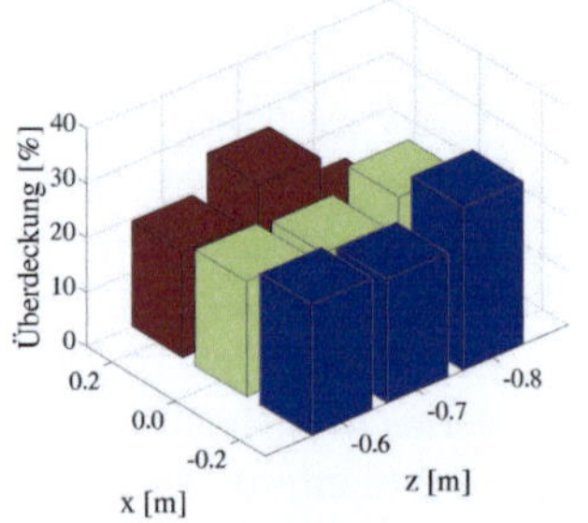

(b) Flasche an unterschiedlichen Positionen.

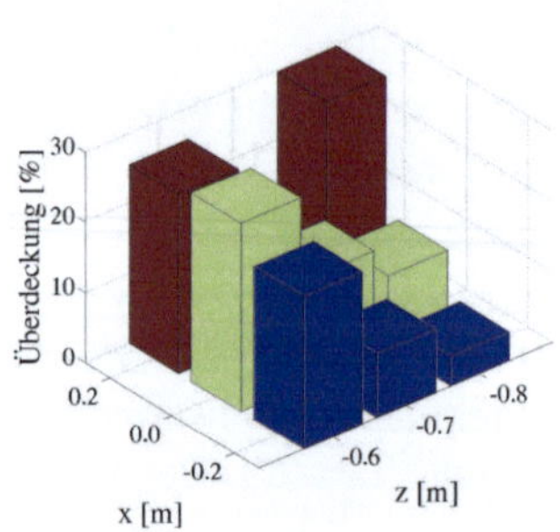

(c) Stanford-Hase an unterschiedlichen Positionen.

Abb. 7.13: Oberflächenüberdeckung verschiedener Objekte.

Objekt		$\overline{S}$	$\Delta\overline{S}$
Kugel	$r = 2{,}0$ cm	43,7%	-25,2%
	$r = 3{,}2$ cm	27,9%	-34,8%
	$r = 5{,}0$ cm	12,6%	-27,8%
Zylinder	$r3h9$	10,7%	-24,4%
	$r3h16$	5,2%	-17,0%
	$r4h4$	17,6%	-30,1%
Telefonhörer		3,3%	-14,0%
Stanford-Hase		9,1%	-13,5%
Flasche		3,5%	-13,2%

Tab. 7.3: Änderung der Oberflächenüberdeckung bei Kontaktfilterung.

7.4.2 Extraktion von Griffhypothesen

Für die im vorigen Anschnitt gewonnenen Explorationsdaten wurden Griffhypothesen bestimmt. Hierfür wurden wiederum die Filtereinstellungen für die FRH-4-Hand aus Tab. 7.1 verwendet.

Die Ergebnisse aus der Exploration ohne Kontaktfilterung finden sich als Mittelwerte für jedes Objekt über die verschiedenen untersuchten Lagen in Tab. 7.4. Dabei bezeichnet N die Anzahl der durch den geometrischen Filtersatz gefundenen Griffhypothesen und R_q den Prozentsatz der stabilen Griffe bezogen auf N. Die Größen ε_{min} und V geben die Griffgüte nach den beiden Qualitätsmaßen aus [Ferrari und Canny, 1992] an, siehe auch Abschn. 7.3.2. Auch für die Bildung der Griffhypothesen wirkt sich der kleinere Konfigurationsraum im Explorationsbereich aus, der eine geringere Überdeckung der Explorationsdaten mit dem Objekt zur Folge hat. So ist die ermittelte Menge an Griffhypothesen für die Objekte insgesamt geringer als bei Einsatz der Kinematik des RM-501 Manipulators. Aus dem gleichen Grund wurde bei der Versuchsreihe auch eine geringere Menge stabiler Griffe ermittelt, dies trifft vor allem auf den Stanford-Hasen zu. Dennoch bleibt die Griffqualität R_q insgesamt hoch.

Als weitere Beobachtung wirkt sich der Fehler bei der Schätzung der Flächennormalen aus, siehe Abschn. 4.1. Das eingesetzte einfache Verfahren zur Generierung der Griffmerkmale betrachtet lediglich die Richtung der Kontaktnormalen und die Entfernung zu einer gemeinsamen Ebene, nicht jedoch das Zusammenhängen der durch die zusammengefassten Kontaktpunkte gebildeten Gebiete. Die große Kugel

Objekt		N	R_q	ε_{min}	V
Kugel	$r = 2{,}0$ cm	4,3	96	1,78e-3	2,62e-7
	$r = 3{,}2$ cm	5,8	98	2,15e-3	5,27e-7
	$r = 5{,}0$ cm	3,9	98	2,15e-3	6,88e-7
Zylinder	$r3h9$	5,0	96	1,52e-3	5,20e-7
	$r3h16$	4,2	100	1,58e-3	4,12e-7
	$r4h4$	2,8	91	1,61e-3	3,44e-7
Telefonhörer		2,4	90	1,59e-3	2,66e-7
Stanford-Hase		7,0	69	1,50e-3	3,97e-7
Flasche		2,5	83	1,60e-3	5,40e-7

Tab. 7.4: Anzahl und Qualität der ermittelten Griffhypothesen (Mittelwerte) mit vereinfachtem Sensormodell.

mit $r = 5$ cm kann aufgrund ihrer Dimension nur unvollständig exploriert werden, die dem Roboter abgewendete Rückseite bleibt unentdeckt. Aufgrund der zuvor beschriebenen Schwäche des Verfahrens bei der Generierung der Griffmerkmale, wird im Bereich der Rückseite eine Phantomebene geschätzt, die zu einer stabilen Griffkonfiguration führen würde.

Objekt		N	R_q	ε_{min}	V
Kugel	$r = 2{,}0$ cm	1,3	100	1,86e-3	2,71e-7
	$r = 3{,}2$ cm	1,2	100	2,09e-3	4,93e-7
	$r = 5{,}0$ cm	0,2	100	1,36e-3	1,77e-7
Zylinder	$r3h9$	0,6	100	1,63e-3	3,10e-7
	$r3h16$	1,2	100	1,44e-3	3,51e-7
	$r4h4$	0,2	100	2,26e-3	2,36e-7
Telefonhörer		0,3	100	2,84e-3	3,60e-7
Stanford-Hase		2,2	82	1,17e-3	2,63e-7
Flasche		0,2	89	1,67e-3	5,44e-7

Tab. 7.5: Anzahl und Qualität der ermittelten Griffhypothesen (Mittelwerte) mit realem Sensormodell.

Tab. 7.5 zeigt die Ergebnisse für die ermittelten Griffhypothesen unter Verwendung des realen Sensormodells bei der Exploration. Die Menge der während der Exploration ermittelten Griffe nimmt deutlich ab, jedoch bleibt die Griffqualität erhalten.

7.5 Haptische Exploration mit dem humanoiden Roboter ARMAR-III

Zur experimentellen Evaluierung wird das im vorigen Abschnitt beschriebene Modell des humanoiden Roboters ARMAR-III für die VMC verwendet. Die Roboterhand ist mit dem in Kap. 6 entwickelten Sensor- und Regelungssystem ausgestattet. In Abb. 7.14a ist die Visualisierung des Modells und des bekannten Teils der Explorationsszene dargestellt. Die initiale Potenzialfeldkonfiguration im Explorationsraum ist als quaderförmiges Hüllvolumen mit den anziehenden Potenzialquellen dargestellt. In diesem Experiment wurde der Explorationsraum, in dem sich das unbekannte Objekt befindet, vorgegeben. Das Objekt befindet sich in der Versuchsanordnung auf einem Tisch, der Teil des Hindernisraums ist. Um Kollisionen der Hand mit dem Tisch zu vermeiden, wurde ein zusätzliches abstoßendes Potenzialfeld unmittelbar über der Tischoberfläche im Szenenmodell eingefügt. In Abb. 7.14a sind die Quellen dieses Feldes als gelbes Punktraster zu erkennen. Selbstkollisionen des Roboters werden durch die virtuelle Schutzgeometrie um den Unterarm wirksam vermieden.

Als Versuchsobjekt zur Exploration wurde eine zylinderförmige Tennisball-Dose gewählt, die an der Tischoberfläche fixiert wurde. Abb. 7.14b zeigt den Roboter mit Objekt zu Beginn des Explorationvorgangs. Eine Bildfolge des Explorationsverlaufs ist in Abb. 7.15 zu sehen. Die Gesamtdauer dieses Explorationsprozesses lag bei ca. 4 min.

Die resultierende orientierte 3-D-Punktmenge des Objektes ist in Abb. 7.16 dargestellt. Es zeigen sich verschiedene charakterische Unterschiede zu den Simulationsergebnissen aus Abschn. 7.4.

So ist die experimentell erzeugte Punktmenge, ebenso wie es die in der Simulation erzeugten Punktmengen sind, von unregelmäßiger Struktur. Sie zeigt jedoch lokal ausgeprägt dichte Regionen. Dieser Effekt ist auf die deformierbare Kontaktschicht der taktilen Sensoren zurückzuführen, die sich der lokalen Objektgeometrie im Kontaktfall anpasst und so weitere Kontaktpunkte im Bereich der Sensormatrix erzeugt.

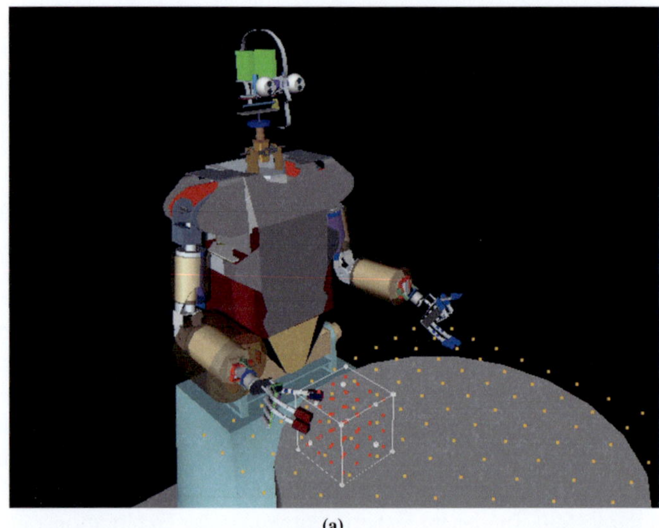

(a)

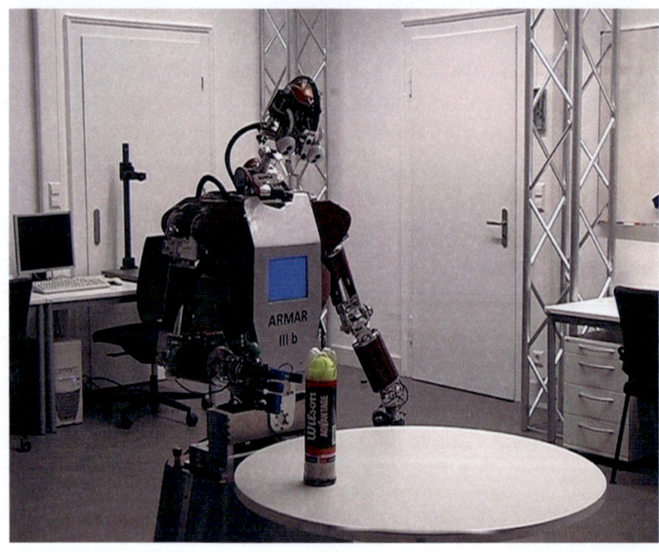

(b)

Abb. 7.14: Haptische Exploration im Versuch. a: Virtueller Szenenausschnitt während der Exploration. b: ARMAR-III bei der Exploration einer Tennisballdose.

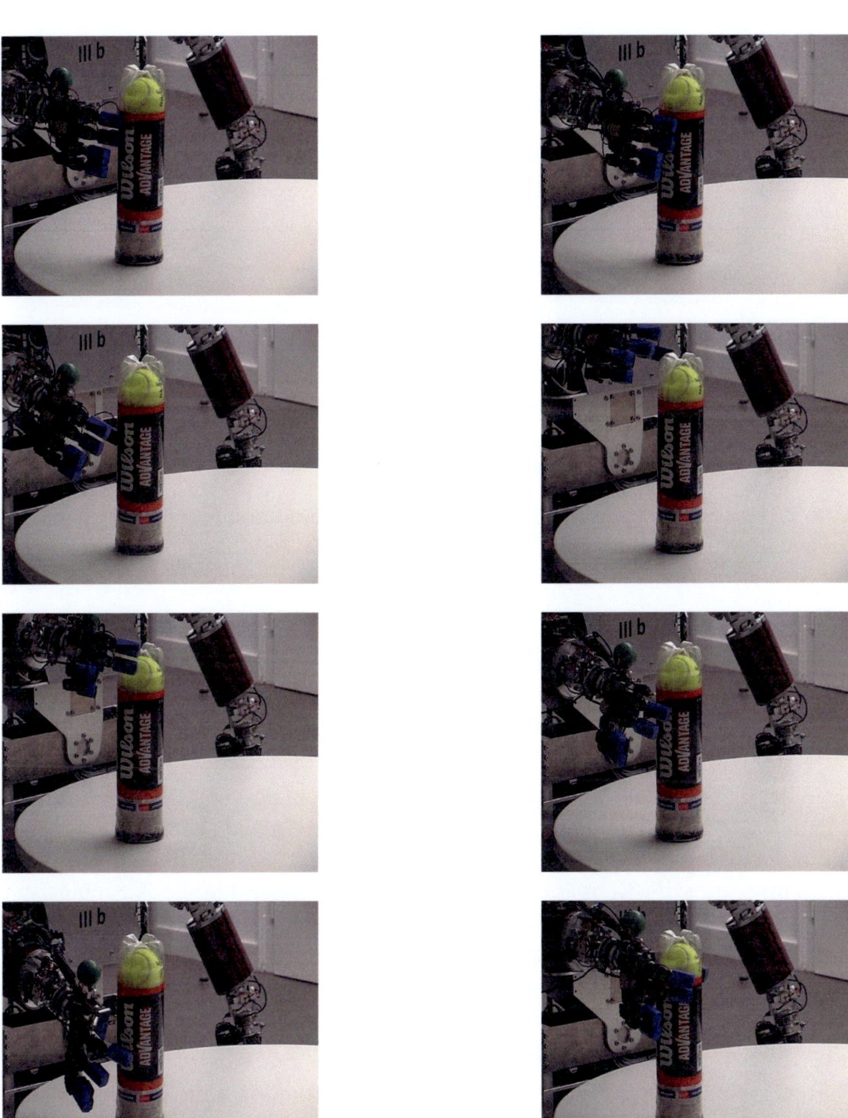

Abb. 7.15: Bildsequenz der Exploration einer Tennisball-Dose mit dem Roboter ARMAR-III, von links nach rechts und von oben nach unten.

Abb. 7.16: Resultierende Punktmenge nach der Exploration und gefundene Griffhypothese für die Tennisballdose.

Da in der dynamischen Simulation die Kontaktschicht des Sensors lediglich starr
simuliert wurde, konnte dieser Effekt in der Simulation nicht beobachtet werden.
Die Befestigung des Objekts ist nachgiebig, daher kann sich das Objekt unter
Krafteinwirkung im Kontaktfall in einem engen Bereich um die Ausgangslage
bewegen. Dies führt zu einer Verzerrung der Punktmenge, durch Dispersion der
Kontaktpunkte um die mittlere Objektlage. Die Rückstellung des Objekts in die
Ausgangslage nach Wegfall der Krafteinwirkung durch den Kontakt ist mit einer
Hysterese behaftet, das Objekt nimmt nicht wieder exakt die gleiche Ausgangslage
ein. Dadurch entsteht bei den folgenden Kontakten ein Registrierungsfehler.

Für die Extraktion von Griffhypothesen war es erforderlich die Filterparameter
den Eigenschaften der mit realen Sensoren erzeugten Punktmenge anzupassen.
Der Fehler bei der Schätzung der Kontaktnormalen ist durch den dynamischen
Charakter der Szene deutlich höher, deshalb wurde der Parameter des Paralleli-
tätsfilters $\phi_{max} = 60°$ gesetzt. Bei derart gewählter Einstellung konnte eine stabile
Griffhypothese bestimmt werden, siehe Abb. 7.16.

7.6 Zusammenfassung

Die entwickelten Methoden zur potenzialfeldbasierten haptischen Exploration und der Generierung von Griffhypothesen wurden in umfangreichen Versuchsreihen hinsichtlich ihrer Leistungsfähigkeit untersucht. Dabei wurde zunächst ein vereinfachtes taktiles Sensormodell ohne Kontaktfilterung angewendet, welches alle Kontakte an Fingerspitzen und Handinnenfläche registriert. Als Leistungskriterium wurde die Oberflächenüberdeckung definiert, die den Anteil der explorierten Oberfläche bezogen auf das Objekt angibt.

In der Simulationsumgebung wurden Kugeln und Zylinder verschiedener Größe, sowie ein Telefonhörermodell und der Stanford-Hase als Beispiele für komplexe Geometrien, für eine festgelegte Zeitdauer exploriert. Die unsymmetrischen Objekte wurden ferner in unterschiedlichen Lagen exploriert. In der Versuchskonfiguration mit dem RM-501 Manipulator konnten unter diesen Bedingungen, in Abhängigkeit vom Objekt, zwischen 20% und 60% der Oberfläche exploriert werden. Auf Grundlage der resultierenden Punktmengen wurden in den meisten Fällen mehrere stabile Griffkonfigurationen bestimmt. In einer weiteren Versuchskonfiguration wurde die Versuchsreihe mit dem humanoiden Roboters ARMAR-III durchgeführt. In diesem Fall wurden die Objekte jedoch nicht im Zentrum des Arbeitsraumes des Armes angeordnet, sondern in einer Ebene auf Tischhöhe. Im Mittel konnten damit ähnliche Werte für die Oberflächenüberdeckung erreicht werden wie mit dem RM-501 Manipulator.

Die Versuchsreihe mit dem ARMAR-III-Modell wurde zum Vergleich mit einem realen taktilen Sensormodell durchgeführt, das der tatsächlich mit dem Roboter verfügbaren Sensorkonfiguration entspricht. In den Ergebnissen zeigte sich hierbei eine deutliche Verringerung der Oberflächenüberdeckung gegenüber dem vereinfachten Sensormodell, das Kontakte auf der gesamten Oberfläche von Handfläche und Fingerspitzen detektiert.

Mit den Explorationsdaten aus diesen Versuchsreihen wurde die Leistungsfähigkeit der Methode zur Extraktion von Griffhypothesen evaluiert. Für die generierten Griffe wurden standardisierte Merkmale der Griffqualität berechnet. Dabei sind die Griffhypothesen aus den vom RM-501 Manipulator erzeugten Explorationsdaten zu einem sehr hohen Anteil stabil. Aus den Explorationsdaten von ARMAR-III konnten weniger Griffhypothesen erzeugt werden, jedoch waren auch diese zu einem ähnlich hohen Anteil stabil. Eine deutliche Verringerung der Anzahl der ermittelten Griffhypothesen zeigt sich bei Verwendung des realen taktilen Sensormodells.

Im abschließenden Experiment wurde das potenzialfeldbasierte Explorationsverfahren auf den humanoiden Roboter ARMAR-III übertragen und evaluiert. Dabei wurden reale Explorationsdaten in Form einer orientierten 3-D-Punktmenge erzeugt und daraus eine stabile Griffhypothese bestimmt. Da bei der realen Explorationsszene das Explorationsobjekt nicht vollständig fixiert werden kann, ergeben sich Registrierungsfehler in den Explorationsdaten. Bei der realen Exploration auftretende Verzerrungen der Explorationsdaten sind in der Simulation nicht erkennbar, da hierfür ein dynamisches Sensormodell erforderlich wäre, welches die Deformierbarkeit der Sensorflächen nachbilden kann. Andererseits führt die Verwendung des statischen Sensormodells in der Simulation zu einem geringeren Umfang der Punktmenge als er in Wirklichkeit erreicht wird.

Kapitel 8

Schlussbetrachtung

In der vorliegenden Arbeit wurden Methoden zur haptischen Exploration von unbekannten Objekten mit einer anthropomorphen Roboterhand entwickelt und sowohl in der Simulation wie auch mit einem realen Robotersystem evaluiert. Bei der haptischen Exploration wird ein geometrisches Objektmodell in Form einer orientierten 3-D-Punktmenge erzeugt, in das Informationen aus propriozeptiver und taktiler Sensorik einfließen. Die zu explorierenden Objekte sind dem System bis auf Lage- und Ausdehnungsschätzung unbekannt. Aus dieser Repräsentation werden geometrische Merkmale extrahiert, mit deren Hilfe das Greifen des Objekts ermöglicht wird. Durch einen Greifplanungsalgorithmus wird der beste Kandidat unter den ermittelten Griffen für die Ausführung durch den Roboter selektiert. Darüber hinaus wurden Methoden zur haptischen Objekterkennung und -klassifikation untersucht.

8.1   Zusammenfassung der Arbeit

Im Einzelnen wurden in dieser Arbeit folgende wissenschaftliche Beiträge geleistet:

- Um unbekannte Objekte haptisch erkunden zu können, wurde eine potenzialfeldbasierte Explorationssteuerung entwickelt. Das Verfahren generiert kartesische Trajektorien für die Kontaktpunkte der Fingerspitzen mit dem untersuchten Objekt. Die Steuerung wurde für eine anthropomorphe Roboterhand mit fünf Fingern und acht Bewegungsfreiheitsgraden ausgelegt, wie sie beim Roboter ARMAR-III zur Verfügung steht. Die Explorationssteuerung lässt sich dabei auf andere Greiferkinematiken übertragen. Sie ermöglicht eine Erkundung der Objektoberfläche durch Abtasten, die der entsprechenden haptischen Explorationsprozedur beim Menschen in der äußerlichen Erscheinung ähnlich ist.

Da die Exploration im kartesischen Arbeitsraum erfolgt, ist für die Transformation der vorgegebenen Positionstrajektorien in den Gelenkwinkelraum eine Lösung des inversen kinematischen Problems für die verzweigte kinematische Kette der Roboterhand erforderlich. Hierfür wurde ein echtzeitfähiges Verfahren auf Basis der virtuellen modellbasierten Regelung (VMC) entwickelt. Sowohl potenzialfeldbasierte Explorationsmethoden als auch VMC-Techniken wurden für die Steuerung von Roboterfingern und insbesondere mehrfingrigen Roboterhänden bisher nicht erforscht.

Die Explorationssteuerung wurde mithilfe einer physikalischen Simulationsumgebung entwickelt. Für die Simulation dynamischer Interaktionsvorgänge zwischen der Roboterhand und der Umwelt wurde ein umfassendes Simulationssystem eingerichtet. Mit diesem System lassen sich haptische Explorationsvorgänge und andere Handhabungen, unter Berücksichtigung physikalischer Randbedingungen, wie Schwerkraft, Reibung und Impulsübertragung zwischen Körpern, dynamisch simulieren und visualisieren. Die haptische Explorationsmethode wurde in der Simulation für zwei verschiedene Roboterkinematiken und mehrere verschiedene Objekte in unterschiedlichen Lagen evaluiert. Dazu wurde das Bewertungskriterium der Oberflächenüberdeckung definiert, welches den Anteil der explorierten Oberfläche des Objektes wiedergibt. Ebenfalls untersucht wurde der Einfluss der taktilen Sensorkonfiguration auf die Leistungsfähigkeit des Verfahrens. Abschließend wurde die Methode der haptischen Exploration mit dem Roboter ARMAR-III experimentell evaluiert.

- Um das Greifen unbekannter Objekte mit den Informationen aus der haptischen Exploration zu ermöglichen, wurde eine Methode entwickelt, die aus der erzeugten orientierten 3-D-Punktmenge Griffhypothesen generiert. Die Methode extrahiert in einer ersten Stufe planare Flächen als geometrische Merkmale aus der Punktmenge. Mit einem vierstufigen geometrischen Filter werden paarweise alle Kombinationen dieser Flächenmerkmale anhand empirischer objekt- und greiferorientierter Nebenbedingungen auf ihre Eignung als greifbare Merkmale bewertet. Für die Griffhypothesen, die durch eine entsprechende Bewertung erfolgversprechend erscheinen, können in einem weiteren Schritt Griffparameter bestimmt werden, die eine Ausführung des Griffes durch den Roboter ermöglichen. Die entwickelte Methode wurde auf Basis der in der Simulation gewonnenen Explorationsdaten ausführlich evaluiert. Dabei wurde die Leistungsfähigkeit der Gütebewertung mit der von standardisierten Merkmalen zur Beschreibung der Griffqualität verglichen.

- Es wurde ein Verfahren zur analytischen Objektmodellierung auf Basis von Superquadrikfunktionen entwickelt. Diese Objektrepräsentation erlaubt die Gewinnung von Objektmerkmalen, wie Größe, globaler Form oder Symmetrie, die zur Objektklassifizierung- oder erkennung verwendet werden können. Da die orientierte 3-D-Punktmenge Bereiche stark unterschiedlicher Datendichte enthält und Unsicherheiten durch Sensorungenauigkeiten aufweist, wurde ein evolutionärer Algorithmus eingesetzt, der eine besonders robuste Schätzung der Superquadrikfunktion ermöglicht. Eine Neuheit hierbei war die Verwendung von implizit vorhandenen Kontaktnormalenvektoren zusätzlich zu den Kontaktpunkten, um die Modellbildung bei der Schätzung zu stabilisieren. Die Leistungsfähigkeit dieses Schätzverfahrens wurde im Vergleich mit bekannten Algorithmen evaluiert.

- Als Versuchssystem wurde der humanoide Roboter ARMAR-III verwendet, der mit zwei anthropomorphen, pneumatisch betriebenen Roboterhänden ausgestattet ist. Für die Aufgabe der haptischen Exploration mit der entwickelten Methode mussten die Fähigkeiten der Roboterhand erweitert werden. Die Hand wurde mit leistungsfähiger propriozeptiver Sensorik und mit einem Mikrocontrollersystem ausgestattet, das einzelne Fingergelenke mit den Informationen aus Positions- und Luftdrucksensorik regeln kann sowie eine Kommunikationsschnittstelle für die Bewegungskoordination mit dem Roboterarm über die Explorationssteuerung zur Verfügung stellt. Dazu wurde eine kombinierte Kraft- und Positionsregelung für die pneumatischen Aktoren der Fingergelenke entwickelt und evaluiert.
Um das entwickelte Verfahren der haptischen Exploration auf dem Roboter einsetzen zu können, wurde für die Hand ein physiologisch angepasstes taktiles Sensorsystem unter Verwendung verfügbarer Sensormodule, einschließlich des erforderlichen Kalibrationsverfahrens, entwickelt.

8.2 Diskussion und Ausblick

Die vorgestellte haptische Explorationssteuerung ist das erste Verfahren seiner Art, welches die autonome Erkundung der Oberfläche eines unbekannten Objektes mit einer humanoiden Roboterhand erlaubt und dies auch in Ergebnissen belegt. Das Explorationsergebnis wird in Form einer orientierten 3-D-Punktmenge festgehalten.

Diese Art der Objektrepräsentation ist kompatibel zu Daten aus Explorations-verfahren, die andere Sensormodalitäten verwenden, insbesondere solchen aus kamerabasierten Verfahren. Damit eignet sich die Methode für die Kombination mit einer visuellen Explorationsmethode, um so das menschliche Verhalten zur Erkundung von Umwelt und Objekten nachzubilden.

Aus den durchgeführten Versuchen ergeben sich eine Vielzahl weiterführender Fragestellungen und Möglichkeiten der Weiterentwicklung der vorgestellten Ver-fahren. Eine Einschränkung der vorgestellten Explorationssteuerung liegt in der Beschränkung auf die Erkundung fixierter Objekte, da die Krafteinwirkung der Finger beim Kontakt nicht berücksichtigt wird. Die Verwendung einer nachgiebigen Kraft-Positionsregelung für das Hand-Armsystem ist hier ein vielversprechender Ansatz, um auch die Erkundung beweglicher Objekte zu ermöglichen. Ein weiter-gehender Schritt besteht in der Erweiterung des Verfahrens für die zweihändige Exploration, bei der eine Hand das Objekt durch einen Griff fixiert, während die andere Hand das Objekt haptisch erkundet.

Der verwendete geometrische Greifansatz liefert trotz seiner Einfachheit gute Er-gebnisse für viele Objekttypen, stellt in dieser Form jedoch, wie viele andere Greifplanungsalgorithmen auch, noch keine umfassende Lösung dar. Vor allem der Einbezug nicht-planarer Griffmerkmale ist für die Zukunft wünschenswert. Da viele der derzeit untersuchten Greifplanungsmethoden mit Objektrepräsentationen in Form von 3-D-Punktmengen anwendbar sind, sollten zukünftige Forschungser-gebnisse hier im Auge behalten werden.

In dieser Arbeit wurde ein analytisches Objektmodell auf Basis von Superquadrik-funktionen vorgestellt. Wünschenswert ist hierfür eine Erweiterung zur automati-schen Zerlegung zusammengesetzter Körper in Funktionsprimitive. Darüber hinaus liefert die Forschung zur Repräsentation von dreidimensionalen Objekten kontinu-ierlich neue Erkenntnisse, so dass hier zukünftig alternative Objektrepräsentationen zu untersuchen sind. Besonders von Interesse könnte der Einbezug eines bisher vernachlässigten Aspektes des Explorationsergebnisses sein: der Information über den Teil des Raumes in dem sich das Objekt *nicht* befindet. Diese Information sollte, ebenso wie die Kontaktdaten, in die Objektrepräsentation integriert und bei der weiteren Verarbeitung, z. B. der Schätzung von Superquadrikfunktionen, berücksichtigt werden.

Auf technischer Seite hat sich der Einsatz des propriozeptiven Sensorsystems der Roboterhand, in Kombination mit der Explorationsmethode, bewährt. Um jedoch die Simulationsergebnisse der Methode in gleicher Weise nachzuvollziehen, muss die Pose der Roboterhand hinreichend genau bestimmt werden können. Hierfür sind nicht nur absolute Gelenkwinkelsensoren in der Hand sondern auch im Arm des Roboters erforderlich, was bei dem eingesetzten Versuchssystem nicht zutreffend war.

Für das taktile Sensorsystem ist in besonderer Weise immer noch die Aussage von Lumelsky gültig [Lumelsky et al., 2001], siehe auch Abschn. 2.2.3: Derzeit ist kein Sensorsystem verfügbar, das die sensorische Leistungsfähigkeit der menschlichen Haut auch nur annähernd nachbilden kann. Wünschenswert ist vor allem die umfassende Überdeckung der Roboteroberfläche mit hinreichend empfindlichen Sensoren, so dass keine unbeobachteten Kontaktsituationen auftreten können. Die Bedeutung dieses Aspekts wurde in dieser Arbeit in den Ergebnissen der Untersuchung unterschiedlicher Sensormodelle für die haptische Exploration deutlich. Der Erfolg von zukünftigen haptischen Explorationsmethoden und anderen Verfahren der geschickten Manipulation, die mit dem Einsatz von Robotern in unstrukturierten Umgebungen verbunden sind, ist damit auf engste Weise auch mit der zur Verfügung stehenden Sensortechnologie verbunden.

Anhang A

Potenzialfeldbasierte Bewegungsplanung

Die grundlegende Idee des Potenzialfeldansatzes zur Bewegungsplanung beruht darin, den Roboter als Element im Arbeitsraum aufzufassen, welches von Kräften angetrieben wird, die von Potenzialfeldern ausgehen [Khatib, 1986]. Die auf den Roboter an den Effektorpunkten ansetzenden Kräfte können anziehende oder abstoßende Wirkung entfalten.

Abstoßende Kräfte gehen von Hindernissen aus, die als positive Potenziale $\Phi_r(x) > 0$ modelliert werden. Die Zielregion hingegen wird als negatives Potenzial $\Phi_a(x) < 0$ modelliert, dass den Roboter anzieht. Das auf den Roboter in einer Konfiguration x wirkende Gesamtpotenzial kann aus der Überlagerung aller Potenziale bestimmt werden,

$$\Phi(x) = \sum_i \Phi_{r,i}(x) + \sum_j \Phi_{a,j}(x) \quad . \tag{A.1}$$

Daraus lässt sich analytisch durch Gradientenbildung eine Trajektorie im Arbeitsraum berechnen, auf der der Roboter durch die Potenzialkraft $F(x)$ von der Ausgangs- in die Zielkonfiguration bewegt wird

$$F(x) = -\nabla \Phi(x) \quad . \tag{A.2}$$

Für die Ausführung wird die direkte Kraftvorgabe nach der Potenzialfeldmethode selten herangezogen. Stattdessen wird nur die Richtungsinformation der Potenzialkraft verwendet, um daraus nach einer Skalierung eine Geschwindigkeitsvorgabe v_{RCP} der Effektorpunkte zu erzeugen

$$v_{RCP}(x) = v_0 \cdot \frac{F(x)}{|F(x)|} \quad . \tag{A.3}$$

Eine gute Übersicht zu diesem Verfahren findet sich in [Latombe, 1991].

Für die Bewegungsplanung mobiler Roboter kann der Roboter als punktförmiges Element im Potenzialfeld angesehen werden. Die räumliche Ausdehnung wird durch entsprechende räumliche Vergrößerung der Hindernispotenziale übertragen. Für kinematische Ketten werden mehrere Effektorpunkte ausgewählt, zu denen das Potenzial bestimmt wird. Das Potenzialfeld der Zielkonfiguration wird meist als Kugelpotenzial beschrieben. Bei diesem Potenzialtyp nimmt die Feldstärke in alle Raumrichtungen proportional zum Quadrat des Abstands von der Potenzialquelle ab.

Für die Definition von Hindernispotenzialen finden sich verschiedene Vorschläge. Für nicht kugelsymmetrische Formen würde die Anwendung eines Kugelpotenziales einen großen Approximationsfehler darstellen. Eine an die Hindernisgeometrie besser angepasste Potenzialfunktion stellt das FIRAS (Abk. engl. *Force Inducing an Artificial Repulsion from the Surface*)-Potenzial [Khatib, 1986] dar, dessen Äquipotenziallinien einen annähernd konstanten Abstand zur Objektoberfläche einhalten. Die Abweichung von der Form des Kugelpotenziales begünstigt jedoch die Entstehung lokaler Minima innerhalb des Gesamtpotenzialfeldes. Statt in der Zielkonfiguration, die stets das globale Minimum des Gesamtpotenzialfeldes darstellt, endet die durch Gradientenabstieg berechnete Trajektorie dann in einem solchen lokalen Minimum.

A.1 Lokale Minima in Potenzialfeldern

In [Connolly et al., 1990] und [Kim und Khosla, 1991] wurde die Verwendung harmonischer Potenzialfunktionen zur Bewegungsplanung vorgeschlagen. Neben der Superpositionseigenschaft sind künstliche Potenzialfelder auf Basis solcher Funktionen frei von lokalen Minima. Eine typische harmonische Funktion zur Darstellung eines punktförmigen Potenzials bei $x = (u,v,w)^T$ ist die Funktion

$$\Phi(x) = \log(|x - x_0|) = \log(\sqrt{(u - u_0)^2 + (v - v_0)^2 + (w - w_0)^2}) \qquad (A.4)$$

mit der Potenzialkraft

$$F(x) = -\frac{1}{|x - x_0|} \begin{pmatrix} u - u_0 \\ v - v_0 \\ w - w_0 \end{pmatrix} . \qquad (A.5)$$

Dabei bezeichnet $x_0 = (u_0, v_0, w_0)^T$ die Ursprungskoordinate der Potenzialquelle. Das so erzeugte Feld verfügt über ein einziges globales Minimum an der Zielposition. Durch die Potenzialkraft würde ein punktförmiger Roboter, beispielsweise eine mobile Plattform, von jeder Ausgangsposition zum Zielpunkt bewegt werden. Dies gilt jedoch nicht für Roboterarme, da diese nicht durch Punkte angenähert, sondern durch offene Polygonzüge modelliert werden, die den Bewegungsraum abbilden. Für die kollisionsfreie Bewegungsplanung werden am TCP als primären Effektorpunkt und an weiteren verteilten sekundären Effektorpunkten entlang des Polygonzuges die Potenzialkräfte bestimmt.

Der primäre Effektorpunkt wird dabei wie ein punktförmiger Roboter behandelt, auf den das gesamte Potenzialfeld einwirkt. Auf die sekundären Effektorpunkte wird nur das durch die abstoßenden Potenziale gebildete Teilfeld angewendet. Häufig werden die sekundären Effektorpunkte auch dynamisch neu bestimmt. Durch dieses Vorgehen kann der Manipulator mit dem TCP voran, an Hindernissen vorbei, zum Zielpunkt geführt werden. Da der Bewegungsraum eines solchen Roboters jedoch beschränkt ist, können sog. *strukturelle Minima* entstehen. Als strukturelles Minimum wird ein statischer Gleichgewichtszustand bezeichnet, in dem sich ein nicht-punktförmiger Roboter aufgrund seiner kinematischen Struktur unter Einfluss des Potenzialfeldes nicht mehr bewegen kann. In solchen Situationen existieren häufig alternative Pfade zum Zielpunkt, welche sich jedoch durch einen anfänglich weniger steilen Potenzialverlauf auszeichnen. Die Ursache für die Fehlplanung liegt dann darin, dass die Potenzialfeldmethode lediglich ein lokales Planungsverfahren darstellt. Deshalb wurden verschiedene Erweiterungen des Verfahrens entwickelt, die vor allem durch Methoden der probabilistischen Bewegungsplanung versuchen, eine globale Lösung für das Planungsproblem zu finden, siehe dazu [Svestka und Overmars, 1998] und [Barraquand et al., 1992].

Anhang B

Die anthropomorphe pneumatische Roboterhand FRH-4

Die Konstruktion der FRH-4-Hand [Gaiser et al., 2008] besteht aus einem Aluminium-Kohlefaser-Skelett, an dem für jedes Gelenk ein Fluidaktor angebracht ist. Die Hand wiegt 216 g, hat eine Länge von 149 mm vom Handgelenk bis zur Fingerspitze und ist 93 mm breit.

Im Unterschied zu den Vorgängermodellen sind bei der FRH-4-Hand alle Finger parallel angeordnet. Der Daumen verfügt über kein Abduktionsgelenk, wodurch die Ausführung von präzisen Greifvorgängen erleichtert wird. Der Daumen befindet sich gegenüber den übrigen Fingern genau auf Höhe zwischen Zeige- und Mittelfinger. Die maximale Öffnungsweite der Hand beträgt 120 mm.

Die Fingerspitzen bestehen aus Silikon und an den Fingergliedern befinden sich Scheiben aus Silikon. Dadurch wird eine sehr hohe Reibung am gegriffenen Objekt erzeugt und das Rutschen gegriffener Objekte erschwert.

B.1   Fluidaktoren

Die Fluidaktoren basieren auf dem Expansionsprinzip [Schulz et al., 1999]. Sie bestehen aus einem Balg, der direkt am Gelenk montiert wird. Durch Aufblasen des Balgs wird ein Moment auf das Gelenk ausgeübt. Die in der Hand verwendeten Aktoren können grundsätzlich sowohl pneumatisch als auch hydraulisch verwendet

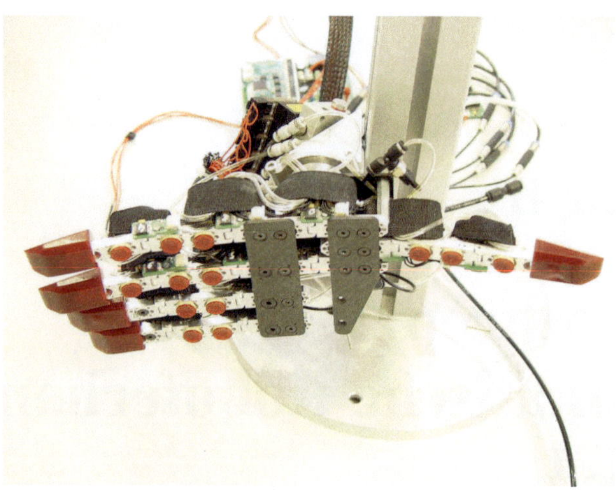

Abb. B.1: Die FRH-4-Hand.

werden, jedoch wird die Hand am Roboter pneumatisch betrieben, um Beschädigungen des Roboters bei Austritt des Mediums im Fehlerfall zu vermeiden.

Bei der Hand wurden zwei verschiedene Arten von Aktoren eingesetzt. Da auf die distalen Gelenke aufgrund der geringeren Hebelkräfte kleinere Momente wirken als auf die proximalen Gelenke, wurden hier kleinere Aktoren mit 12 mm Durchmesser verwendet. Für die proximalen Gelenke des Zeige- und Mittelfingers wurden größere Aktoren mit 20 mm Durchmesser eingesetzt. Das Gelenk in der Handfläche wurde mit zwei Aktoren des großen Typs bestückt, da hier die größten Hebelkräfte auftreten. Die verschiedenen Querschnitte der Aktoren wirken sich auf das Aktorverhalten aus und müssen bei der Regelung berücksichtigt werden. Die Aktoren sind für einen Druck von bis zu 6 bar spezifiziert und werden mit 4 bar betrieben.

Die Gelenke werden mittels eines Gummibandes zurückgestellt, das um den Aktorbalg gelegt ist, vgl. Abb. B.2. Die Aktoren des kleinen Fingers und des Ringfingers sind pneumatisch gekoppelt, daher lassen sich diese Gelenke nicht unabhängig voneinander bewegen.

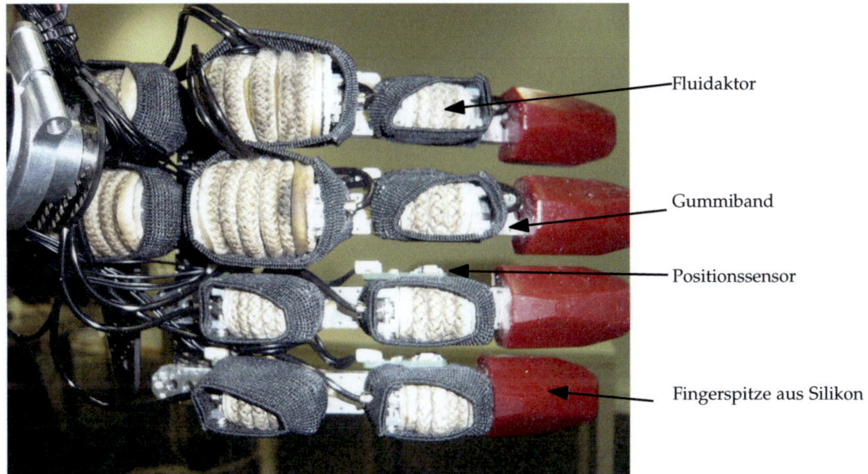

Abb. B.2: Rückansicht der Hand.

B.2 Einfaches Aktormodell

In [Beck et al., 2003] wurde ein Modell für den einfachen Aktorbalg ohne externe Rückstellfeder vorgestellt. Nach diesem Modell setzt sich das Aktormoment aus drei Komponenten zusammen:

1. Das vom Druck auf die Stirnflächen des Aktors erzeugte Drehmoment:

$$M_1(p) = F \cdot h = p \cdot A_0 \cdot h = p \cdot \pi \cdot r_0 \cdot h = a_{10} \cdot p \ . \tag{B.1}$$

Hierbei ist F die Kraft, die durch den Druck p auf die Fläche A_0 mit dem Radius r_0 wirkt. Durch Multiplikation mit dem Abstand von der Gelenkachse h erhält man das Gelenkmoment.

2. Das vom Druck unabhängige Moment, das durch die elastische Dehnung des Materials erzeugt wird. Durch Simulationsergebnisse wurde gezeigt, dass es genügt dieses als linear anzunehmen:

$$M_0(\varphi) = a_{00} + a_{01} \cdot \varphi \ . \tag{B.2}$$

3. Das Rückstellmoment, das durch die Versteifung des Aktors unter Druck auftritt:

$$M_2(\varphi, p) = a_{11} \cdot \varphi \cdot p \ . \tag{B.3}$$

Daraus ergibt sich für das gesamte Aktormoment folgende Gleichung:

$$\begin{aligned}
M_A(\varphi, p) &= M_0(\varphi) + M_1(p) + M_2(\varphi, p) \\
&= a_{00} + a_{01} \cdot \varphi + a_{10} \cdot p + a_{11} \cdot \varphi \cdot p \,.
\end{aligned} \tag{B.4}$$

Zu dem am Gelenk wirkenden Moment wird noch das von außen wirkende Stör-moment $M_{\text{Stör}}$ summiert. Entgegen dem Aktormoment wirken zusätzlich das Reib-moment M_{Reib}, das von der Winkelgeschwindigkeit $\dot{\varphi}$ abhängig ist und das Träg-heitsmoment, das von der Winkelbeschleunigung $\ddot{\varphi}$ abhängt.

Daher ergibt sich folgende Differentialgleichung:

$$J\ddot{\varphi} + D\dot{\varphi} = M_A(\varphi, p) + M_{\text{Stör}} \,. \tag{B.5}$$

Durch zweimalige Integration der Winkelbeschleunigung $\ddot{\varphi}$ erhält man den Gelenk-winkel φ.

B.3   Ventilsystem

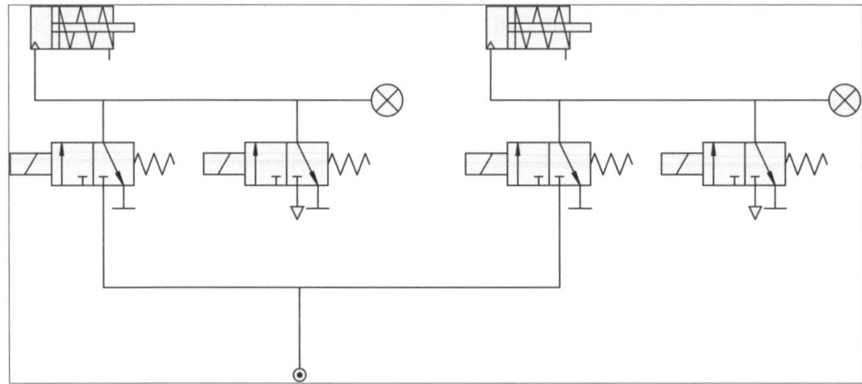

Abb. B.3: Die Anordnung mit zwei Ventilen für jeden Aktor ermöglicht eine unab-hängige Ansteuerung der Aktoren.

Zur Ansteuerung der Aktoren sind Ventile notwendig, vgl. [Werner et al., 2010]. Eine Verwendung von proportionalen Druckregelventilen scheidet aus, da dieser Ventiltyp zu groß für die Integration in die Roboterhand ist. Daher werden binär schaltende Wegeventile der Firma *ASCO*, vgl. [Asco, 2011], eingesetzt, die den Vorteil der einfachen Ansteuerbarkeit durch einen Mikrocontroller mit sich bringen. Die Ventile bestehen aus einer Spule, die das Ventil öffnet, während Strom fließt und einer Feder, die das Ventil wieder schließt, sobald der Strom unterbrochen wird. Spule und Feder bewegen einen Ventilkegel, der auf der Ventilöffnung sitzt und den Durchfluss bestimmt.

Die Ventilanordnung für die Roboterhand ist in Abb. B.3 dargestellt. Für jeden Aktor wird je ein Ein- und Auslassventil verwendet, so dass die Aktoren unabhängig ansteuerbar sind. Die Einschaltzeit der Ventile beträgt 3 ms.

Glossar

Abduktion	Abspreizen, wegführen von der Gliedmaßenachse, von lat. *abducere*.
Active Vision	engl., Bildverarbeitungssystem, bei dem Position und Ausrichtung der Kamera(s) aktiv verändert werden können.
Adduktion	anziehen, heranführen an die Gliedmaßenachse, von lat. *adducere*.
afferent	Erregungsleitung zum Zentralnervensystem hinführend, von lat. *affere*.
B-Spline	Bezier-Spline Funktion.
distal	körperfern, von lat. *distare*.
dorsal	handrückenseitig, von lat. *dorsum manus*.
Extension	Streckung, von lat. *extendere*.
Flexion	Beugung, von lat. flectere.
Geometric Hashing	engl., Suchverfahren zur schnellen Erkennung von affin transformierten Abbildungen und Objekten, auf Basis von 2-D/3-D-Punktmengen, siehe [Wolfson und Rigoutsos, 1997].
Hall-Effekt	nach seinem Entdecker Edwin Hall bezeichneter Effekt: In einem stromdurchflossenen Leiter, der sich in einem stationären Magnetfeld befindet, entsteht senkrecht zu Magnetfeld und Stromrichtung ein elektrisches Feld.
Hypothenar	ulnar der Handfläche gelegener Muskelwulst zur Flexion und Abduktion des Kleinfingers.
Opposition	Die Fähigkeit des Daumens den übrigen Fingern gegenübergestellt werden zu können, wird auch als Opponierbarkeit bezeichnet. Von lat. *opponere*.

palmar	handflächenseitig, von lat. *palma manus*.
Phalanx	Fingerglied, von gr. $\varphi\acute{\alpha}\lambda\alpha\gamma\xi$.
Pronation	Einwärtsdrehung, von lat. *pronare*.
proximal	körpernah, von lat. *proximus*.
Psychophysik	Teilgebiet der experimentellen Psychologie, in dem versucht wird, die gesetzmäßigen Wechselbeziehungen zwischen subjektivem psychischen Erleben und quantitativ messbaren, also objektiven physikalischen Reizen als den auslösenden Prozessen zu ermitteln. Zwischenzeitlich galt diese Methodologie durch die modernen Methoden der kognitiven Neurowissenschaften als überholt.
radial	zur Speiche hin, daumenseitig, von lat. *radius*.
Taxel	Zelle einer taktilen Sensormatrix; Kunstwort, analog zum Begriff *Pixel* bei Kamerasensoren.
Thenar	radial der Handfläche gelegener Muskelwulst zur Betätigung des Daumens.
ulnar	zur Elle hin, kleinfingerseitig, von lat. *ulna*.

Abkürzungsverzeichnis

I^2C	engl. *Inter-IC-Bus*, von der Firma *Philips Semiconductors* ursprünglich für den Unterhaltungsbereich entwickeltes Zweidraht-Bussystem für bis zu 127 Teilnehmer bei eine Bitfrequenz von 100kHz bzw. 400kHz in der schnellen Variante, vgl. [NXP, 2007].
4T-SS	engl. *Four Triangle Self-Similar*, Partitionierungsschema zur Verfeinerung von Dreiecksnetzen, siehe [Padrón et al., 2007].
API	engl. *Application Programmers Interface*, Programmierschnittstelle für Anwendungen.
BB	engl. *Bounding Box*, quaderförmiges einhüllendes Volumen.
DMS	Dehnmessstreifen.
EIT	Elektro-Impedanztomographie, med. Bildgebungsverfahren bei dem die räumliche Leitfähigkeit sichtbar gemacht wird.
EP	engl. *Exploratory Procedure*, haptische Explorationsprozedur.
FEM	Finite Elemente Methode.
FIRAS	engl. *Force Inducing an Artificial Repulsion from the Surface*, eine von Khatib zur potenzialfeldbasierten Robotersteuerung im Arbeitsraum entwickelte Potenzialfunktion [Khatib, 1986].
FSR	engl. *Force Sensing Resistor*, elektronisches Bauteil mit kraftabhängigem elektrischen Widerstand.

GA	Genetischer Algorithmus, Optimierungsverfahren.
IC	engl. *Integrated Circuit*, integrierter Schaltkreis.
IPSA	engl. *Inventor Physics Simulation API*, C-Programmbibliothek zur Integration eines Physiksimulators in die *Open Inventor* Visualisierungssoftware, siehe [IPSA, 2011], [Bierbaum et al., 2008a].
LOC	engl. *Lateral Occipital Complex*, Region im Occipitallappen des Großhirns, die nach derzeitigem Forschungsstand bei der visuellen Erkennung aktiv ist.
MDP	engl. *Markov Decision Process*, Modell einer zustandsbasierten Kette von Entscheidungsprozessen. Die Wahrscheinlichkeit für einen Zustandsübergang hängt nur vom aktuellen Zustand ab, nicht von der Vorgeschichte.
MEMS	engl. *Micro-Electro-Mechanical System*, elektromechanisches Mikrosystem auf einem Chip.
NLLSM	engl. *Non-Linear-Least-Squares Minimization*, Optimierungsverfahren.
oBdA	ohne Beweis der Annahme.
ODE	engl. *Open Dynamics Engine*, Physiksimulator mit Open Source Lizenz, siehe [Smith, 2008].
OpenGL	Open Graphics Library, Spezifikation für eine plattform- und programmiersprachenunabhängige Programmierschnittstelle zur Entwicklung von 2-D- und 3-D-Computergrafik.
POMDP	engl. *Partial Observable Markov Decision Process*, besondere Form des MDP, bei dem die Übergangswahrscheinlichkeiten durch Beobachtung kontinuierlich geschätzt werden.
QTC	engl. *Quantum Tunnel Composite*, taktil sensitives Material [Peratech, 2011].

RCP	engl. *Robot Control Point*, aktiver Effektorpunkt bei der Methode der potenzialfeldbasierten Robotersteuerung: an den Effektorpunkten greifen die Potenzialkräfte an.
SLAM	engl. *Simultaneous Localization And Mapping*, Methode der Robotik, bei der ein Roboter gleichzeitig die Karte einer unbekannten Umgebung erstellt und sich innerhalb dieser Karte lokalisiert.
SOM	engl. *Self Organizing Map*, besonderer Typ eines neuronales Netzes, bei dem ähnliche Eingangsmuster zur Aktivierung von Neuronen in topologischer Nachbarschaft führen.
SPI	engl. *Serial Peripheral Interface*, besonderer Typ einer seriellen Punkt-zu-Punkt Datenverbindung nach dem Master-Slave-Prinzip. Bei SPI werden 3 (unidirektional) bzw. 4 (bidirektional) Kommunikationsleitungen eingesetzt. Die Datenübertragung erfolgt synchron zu einem Taktsignal für Bitraten bis zu mehreren Mbps.
TCP	engl. *Tool Center Point*, Effektorpunkt, der mit dem Schwerpunkt des Werkzeugs zusammenfällt.
TCP/IP	engl. *Transmission Control Protocol/Internet Protocol*, für die Rechnerkommunikation im Internet verwendetes Netzwerkprotokoll. Die teilnehmenden Rechner werden entsprechend über IP-Adressen identifiziert.
VMC	engl. *Virtual Model Control*, Methode der virtuellen modellbasierten Regelung, eingeführt in [Pratt et al., 1996].

Abbildungsverzeichnis

Literaturverzeichnis

[Alirezaei et al., 2007] Alirezaei, H., Nagakubo, A., und Kuniyoshi, Y. (2007). A highly stretchable tactile distribution sensor for smooth surfaced humanoids. In *IEEE/RAS International Conference on Humanoid Robots*, S. 167 – 173.

[Alirezaei et al., 2009] Alirezaei, H., Nagakubo, A., und Kuniyoshi, Y. (2009). A tactile distribution sensor which enables stable measurement under high and dynamic stretch. In *Proceedings IEEE Symposium on 3D User Interfaces*, S. 87 – 93, Los Alamitos, CA, USA. IEEE Computer Society.

[Allen, 1990] Allen, P. (1990). Mapping haptic exploratory procedures to multiple shape representations. In *Proceedings IEEE International Conference on Robotics and Automation*, Vol. 3, S. 1679 – 1684.

[Allen et al., 1997] Allen, P., Miller, A., Oh, P., und Leibowitz, B. (1997). Using tactile and visual sensing with a robotic hand. In *Proceedings IEEE International Conference on Robotics and Automation*, Vol. 1, S. 676 – 681.

[Allen und Roberts, 1989] Allen, P. und Roberts, K. (1989). Haptic object recognition using a multi-fingered dextrous hand. In *Proceedings IEEE International Conference on Robotics and Automation*, Vol. 1, S. 342 – 347.

[Allen, 1988] Allen, P. K. (1988). Integrating Vision and Touch for Object Recognition Tasks. *The International Journal of Robotics Research*, 7(6):15–33.

[Amenta et al., 2001] Amenta, N., Choi, S., und Kolluri, R. (2001). The power crust. In *Proceedings 6th ACM Symposium on Solid Modeling and Applications*, S. 249 – 260.

[AS, 2008] (2008). *Datenblatt AS 5046 - Programmable 12-bit 360° Magnetic Angle Encoder with Absolute 2-Wire Serial and Analog Interfaces.* Austriamicrosystems AG. http://www.austriamicrosystems.com, Stand: 18. 02. 2011.

[Asco, 2011] (2011). *Series 188 3-Way Micro Solenoid Valve*. Asco Scientific. http://www.ascovalve.com , Stand: 18. 02. 2011.

[Asfour et al., 2006] Asfour, T., Regenstein, K., Azad, P., Schroder, J., Bierbaum, A., Vahrenkamp, N., und Dillmann, R. (2006). ARMAR-III: An integrated humanoid platform for sensory-motor control. In *IEEE/RAS International Conference on Humanoid Robots*, S. 169 – 175.

[Ballesteros und Heller, 2006] Ballesteros, S. und Heller, M. A. (2006). *Touch and Blindness*, Kap. Conclusions: Touch and Blindness, Psychology and Neuroscience, S. 197 – 218. Lawrence Erlbaum Associates.

[Ballesteros und Heller, 2008] Ballesteros, S. und Heller, M. A. (2008). *Human Haptic Perception - Basics and Applications*, Kap. 16: Haptic Object Identification, S. 207 – 222. Birkhäuser Verlag, Basel - Boston - Berlin.

[Bardinet et al., 1998] Bardinet, E., Cohen, L. D., und Ayache, N. (1998). A parametric deformable model to fit unstructured 3d data. *Computer Vision and Image Understanding*, 71(1):39 – 54.

[Barr, 1981] Barr, A. (1981). Superquadrics and angle-preserving transformations. *IEEE Computer Graphics and Applications*, 1(1):11 – 23.

[Barraquand et al., 1992] Barraquand, J., Langlois, B., und Latombe, J.-C. (1992). Numerical potential field techniques for robot path planning. *IEEE Transactions on Systems, Man, and Cybernetics*, 22(2):224 – 241.

[Bay, 1989] Bay, J. S. (1989). Tactile shape sensing via single- and multifingered hands. In *Proceedings IEEE International Conference on Robotics and Automation*, Vol. 1, S. 290 – 295.

[Beccai et al., 2005] Beccai, L., Roccella, S., Arena, A., Valvo, F., Valdastri, P., Menciassi, A., Carrozza, M. C., und Dario, P. (2005). Design and fabrication of a hybrid silicon three-axial force sensor for biomechanical applications. *Sensors and Actuators A: Physical*, 120(2):370 – 382.

[Beccari et al., 1997] Beccari, G., Caselli, S., und Zanichelli, F. (1997). Pose-independent recognition of convex objects from sparse tactile data. In *Proceedings IEEE International Conference on Robotics and Automation*, Vol. 4, S. 3397 – 3402.

[Beck et al., 2003] Beck, S., Mikut, R., Lehmann, A., und Bretthauer, G. (2003). Model-based control and object contact detection for a fluidic actuated robotic hand. In Mikut, R., Hrsg., *Proceedings 42nd IEEE Conference on Decision and Control*, Vol. 6, S. 6369 – 6374.

[Beckhaus, 2002] Beckhaus, S. (2002). *Dynamic Potential Fields for Guided Exploration in Virtual Environments*. Dissertation, Otto-von-Guericke-Universität Magdeburg.

[Beckhaus et al., 2001] Beckhaus, S., Ritter, F., und Strothotte, T. (2001). Guided exploration with dynamic potential fields: The cubicalpath system. *Computer Graphics Forum*, 20(4):201–210.

[Bicchi et al., 1999] Bicchi, A., Marigo, A., und Prattichizzo, D. (1999). Dexterity through rolling: manipulation of unknown objects. In *Proceedings IEEE International Conference on Robotics and Automation*, Vol. 2, S. 1583 – 1588.

[Bicchi et al., 1993] Bicchi, A., Salisbury, J. K., und Brock, D. L. (1993). Contact sensing from force measurements. *The International Journal of Robotics Research*, 12(3):249–262.

[Bierbaum et al., 2008a] Bierbaum, A., Asfour, T., und Dillmann, R. (2008). IPSA -Inventor Physics Modeling API for dynamics simulation in manipulation. In *IEEE/RSJ International Conference on Intelligent Robots and Systems: Workshop on Robot Simulation*, Nice, France.

[Bierbaum et al., 2008b] Bierbaum, A., Gubarev, I., und Dillmann, R. (2008). Robust shape recovery for sparse contact location and normal data from haptic exploration. In *Proceedings IEEE/RSJ International Conference on Intelligent Robots and Systems*, S. 3200 – 3205.

[Bierbaum et al., 2008c] Bierbaum, A., Rambow, M., Asfour, T., und Dillmann, R. (2008). A potential field approach to dexterous tactile exploration. In *IEEE/RAS International Conference on Humanoid Robots*, S. 360 – 366.

[Boeing und Bräunl, 2007] Boeing, A. und Bräunl, T. (2007). Evaluation of real-time physics simulation systems. In *GRAPHITE '07: Proceedings of the 5th International Conference on Computer Graphics and Interactive Techniques in Australia and Southeast Asia*, S. 281 – 288, New York, NY, USA. ACM.

[Boissonnat und Yvinec, 1989] Boissonnat, J. D. und Yvinec, M. (1989). Probing a scene of non convex polyhedra. In *Proceedings 5th Annual Symposium on Computational geometry*, S. 237 – 246, New York, NY, USA. ACM.

[Boshra und Zhang, 1994] Boshra, M. und Zhang, H. (1994). Use of visual and tactile data for generation of 3-d object hypotheses. In *Proceedings IEEE/RSJ International Conference on Intelligent Robots and Systems: Advanced Robotic Systems and the Real World*, Vol. 1, S. 73 – 80.

[Bullet, 2011] (2011). *Webseite Bullet Physics Library.* http://www.bulletphysics.org, Stand: 18. 02. 2011.

[Butterfass et al., 2001] Butterfass, J., Grebenstein, M., Liu, H., und Hirzinger, G. (2001). DLR-Hand II: next generation of a dextrous robot hand. In *Proceedings IEEE International Conference on Robotics and Automation*, Vol. 1, S. 109 – 114.

[Caffaz et al., 2000] Caffaz, A., Casalino, G., Cannata, G., Panin, G., und Massucco, E. (2000). The DIST-Hand, an anthropomorphic, fully sensorized dexterous gripper. Technical report, DIST, University of Genoa.

[Caselli et al., 1994] Caselli, S., Magnanini, C., und Zanichelli, F. (1994). Haptic object recognition with a dextrous hand based on volumetric shape representations. In *Proceedings IEEE International Conference on Multisensor Fusion and Integration for Intelligent Systems*, S. 280 – 287.

[Caselli et al., 1996] Caselli, S., Magnanini, C., Zanichelli, F., und Caraffi, E. (1996). Efficient exploration and recognition of convex objects based on haptic perception. In *Proceedings IEEE International Conference on Robotics and Automation*, S. 3508 – 3513.

[Chalon et al., 2010] Chalon, M., Grebenstein, M., Wimbock, T., und Hirzinger, G. (2010). The thumb: guidelines for a robotic design. In *Proceedings IEEE/RSJ International Conference on Intelligent Robots and Systems*, S. 5886 – 5893.

[Charlebois et al., 1997] Charlebois, M., Gupta, K., und Payandeh, S. (1997). Shape description of general, curved surfaces using tactile sensing and surface normal information. In *Proceedings IEEE International Conference on Robotics and Automation*, Vol. 4, S. 2819 – 2824.

[Chen et al., 1995] Chen, N., Zhang, H., und Rink, R. (1995). Edge tracking using tactile servo. In *Proceedings IEEE/RSJ International Conference on Intelligent*

Robots and Systems: Human Robot Interaction and Cooperative Robots, Vol. 2, S. 84 – 89.

[Chevalier und Jaillet, 2003] Chevalier, L. und Jaillet, F. (2003). Segmentation and superquadric modeling of 3d objects. In *Journal of Winter School of Computer Graphics*.

[Coelho und Grupen, 1997] Coelho, J. und Grupen, R. (1997). A control basis for learning multifingered grasps. *Journal of Robotic Systems*, 14(7):545 – 557.

[Connolly et al., 1990] Connolly, C., Burns, J., und Weiss, R. (1990). Path planning using laplace's equation. In *Proceedings IEEE International Conference on Robotics and Automation*, Vol. 3, S. 2102 – 2106.

[Cutkosky et al., 2008] Cutkosky, M., Howe, R., und Provancher, W. (2008). Force and tactile sensors. In Siciliano, B. und Khatib, O., Hrsg., *Springer Handbook of Robotics*, Kap. 19. Springer Berlin / Heidelberg.

[Cutkosky und Kao, 1989] Cutkosky, M. und Kao, I. (1989). Computing and controlling compliance of a robotic hand. *IEEE Transactions on Robotics and Automation*, 5(2):151–165.

[Dahiya et al., 2010] Dahiya, R. S., Metta, G., Valle, M., und Sandini, G. (2010). Tactile sensing - from humans to humanoids. *IEEE Transactions on Robotics*, 26(1):1 –20.

[Dargahi und Najarian, 2005] Dargahi, J. und Najarian, S. (2005). Advances in tactile sensors design/manufacturing and its impact on robotics applications - a review. *Industrial Robot: An International Journal*, 32(14):268 – 281.

[Erdmann, 1998] Erdmann, M. (1998). Shape recovery from passive locally dense tactile data. In *Proceedings 3rd Workshop on the Algorithmic Foundations of Robotics: the algorithmic perspective*, S. 119 – 132.

[Ferrari und Canny, 1992] Ferrari, C. und Canny, J. (1992). Planning optimal grasps. In *Proceedings IEEE International Conference on Robotics and Automation*, S. 2290 – 2295.

[Gaiser et al., 2008] Gaiser, I., Schulz, S., Kargov, A., Klosek, H., Bierbaum, A., Pylatiuk, C., Oberle, R., Werner, T., Asfour, T., Bretthauer, G., und Dillmann, R. (2008). A new anthropomorphic robotic hand. In *IEEE/RAS International Conference on Humanoid Robots*, S. 418 – 422.

[Gibson, 1962] Gibson, J. J. (1962). Observations on active touch. *Psychological Review*, 69:477 – 491.

[Göger et al., 2009] Göger, D., Gorges, N., und Wörn, H. (2009). Tactile sensing for an anthropomorphic robotic hand: Hardware and signal processing. In *Proceedings IEEE International Conference on Robotics and Automation*, S. 895 – 901.

[GOTB, 2011] (2011). *User's Guide - Global Optimization Toolbox for Matlab*. Mathworks. http://www.mathworks.com/help/toolbox/gads/f6174dfi10.html, Stand: 18. 02. 2011.

[Grimson und Lozano-Perez, 1983] Grimson, W. und Lozano-Perez, T. (1983). Model-based recognition and localization from sparse range or tactile data, aim-738. A.I. memo 738, MIT Artificial Intelligence Laboratory.

[Gross und Boult, 1988] Gross, A. und Boult, T. (1988). Error of fit measures for recovering parametric solids. In *Proceedings IEEE International Conference on Computer Vision*, S. 690 – 694.

[Gubarev, 2008] Gubarev, I. (2008). Robuste Schätzung von Superquadriken aus dünnen gerichteten Punktwolken. Studienarbeit, Universität Karlsruhe (TH), Fakultät für Informatik, Institut für Technische Informatik, IAIM.

[Harmon, 1982] Harmon, L. D. (1982). Automated tactile sensing. *The International Journal of Robotics Research*, 1(2):3 – 32.

[Haschke und Steil, 2005] Haschke, R. und Steil, J. (2005). Screw Theorie, Hände und Greifen. Vorlesungsskript Robotik II, Universtät Bielefeld, AG Neuroinformatik.

[Haslwanter, 2011] (2011). *Skin proprioception (Illustration)*. http://en.wikibooks.org/wiki/Biological_Machines/Sensory_Systems/ Somato_System. Bilddatei *Skin_proprioception.svg*, Webseite *Wikibooks: Somatosensory System*, Stand: 21. 02. 2012.

[Heller, 1984] Heller, M. A. (1984). Active and passive touch: The influence of exploration time on form recognition. *Journal of General Psychology*, 110:243 – 249.

[Holland, 1992] Holland, J. H. (1992). *Adaptation in Natural and Artificial Systems: An Introductory Analysis with Applications to Biology, Control and Artificial Intelligence*. The MIT Press.

[Hsiao et al., 2007] Hsiao, K., Kaelbling, L., und Lozano-Perez, T. (2007). Grasping POMDPs. In *Proceedings IEEE International Conference on Robotics and Automation*, S. 4685 – 4692.

[Interlink, 2007] (2007). *Force Sensing Resistor Integration Guide, v1.0 Rev. D.* Interlink Electronics. http://www.interlinkelectronics.com, Stand: 18. 02. 2011.

[Interlink, 2011] (2011). *Webseite Interlink Electronics Inc.* Interlink Electronics Inc. http://www.interlinkelec.com, Stand: 18. 02. 2011.

[IPSA, 2011] (2011). *Webseite IPSA - Inventor Physics Simulation API.* http://ipsa.sourceforge.net, Stand: 18. 02. 2011.

[Iyer et al., 2005] Iyer, N., Jayanti, S., Lou, K., Kalyanaraman, Y., und Ramani, K. (2005). Three-dimensional shape searching: state-of-the-art review and future trends. *Computer-Aided Design*, 37(5):509 – 530. Geometric Modeling and Processing 2004.

[Jacobsen et al., 1986] Jacobsen, S., Iversen, E., Knutti, D., Johnson, R., und Biggers, K. (1986). Design of the Utah/M.I.T. dextrous hand. In *Proceedings IEEE International Conference on Robotics and Automation*, Vol. 3, S. 1520 – 1532.

[James et al., 2006] James, T. W., James, K. H., Humphres, G. K., und Goodale, M. A. (2006). *Touch and Blindness*, Kap. Do Visual and Tactile Object Representations Share the Same Neural Substrate ?, S. 139 – 155. Lawrence Erlbaum Associates.

[Jansson und Monaci, 2004] Jansson, G. und Monaci, L. (2004). *Touch, Blindness and Neuroscience*, Kap. Haptic identification of objects with different numbers of fingers, S. 209 – 219. UNED Press. Madrid.

[Jia et al., 2006] Jia, Y.-B., Mi, L., und Tian, J. (2006). Surface patch reconstruction via curve sampling. In *Proceedings IEEE International Conference on Robotics and Automation*, S. 1371 – 1377.

[Johnsson und Balkenius, 2006] Johnsson, M. und Balkenius, C. (2006). Haptic perception with a robotic hand. In *Proceedings 9th Scandinavian Conference on Artificial Intelligence (SCAI)*, S. 127 – 134.

[Johnsson und Balkenius, 2007a] Johnsson, M. und Balkenius, C. (2007). Experiments with proprioception in a self-organizing system for haptic perception. In Wilson, M. S., Labrosse, F., Nehmzow, U., Melhuish, C., und Witkowski,

M., Hrsg., *Proceedings Towards Autonomous Robotic Systems*, S. 239 – 245, Aberystwyth, UK. University of Wales.

[Johnsson und Balkenius, 2007b] Johnsson, M. und Balkenius, C. (2007). Neural network models of haptic shape perception. *Robotics and Autonomous Systems*, 55(9):720 – 727.

[Johnston et al., 1996] Johnston, D., Zhang, P., Hollerbach, J., und Jacobsen, S. (1996). A full tactile sensing suite for dextrous robot hands and use in contact force control. In *Proceedings IEEE International Conference on Robotics and Automation*, Vol. 4, S. 3222 – 3227.

[Jones und Lederman, 2006] Jones, L. A. und Lederman, S. J. (2006). *Human Hand Function*. Oxford University Press.

[Kerpa et al., 2003] Kerpa, O., Weiss, K., und Worn, H. (2003). Development of a flexible tactile sensor system for a humanoid robot. In *Proceedings IEEE/RSJ International Conference on Intelligent Robots and Systems*, Vol. 1, S. 1 – 6.

[Khatib, 1986] Khatib, O. (1986). Real-time obstacle avoidance for manipulators and mobile robots. *The International Journal of Robotics Research*, 5(1):90 – 98.

[Kim et al., 2005] Kim, J.-H., Lee, J.-I., Lee, H.-J., Park, Y.-K., Kim, M.-S., und Kang, D.-I. (2005). Design of flexible tactile sensor based on three-component force and its fabrication. In *Proceedings IEEE International Conference on Robotics and Automation*, S. 2578 – 2581.

[Kim und Khosla, 1991] Kim, J.-O. und Khosla, P. (1991). Real-time obstacle avoidance using harmonic potential functions. In *Proceedings IEEE International Conference on Robotics and Automation*, Vol. 1, S. 790 – 796.

[Kinoshita et al., 1992] Kinoshita, G., Mutoh, E., und Tanie, K. (1992). Haptic aspect graph representation of 3-d object shapes. In *Proceedings IEEE International Conference on Robotics and Automation*, S. 1648 – 1653.

[Kirkpatrick et al., 1983] Kirkpatrick, S., Gelatt, C. D., und Vecchi, M. P. (1983). Optimization by simulated annealing. *Science*, 220(4598):671 – 680.

[Kjaergaard et al., 2007] Kjaergaard, M., Bierbaum, A., Kraft, D., Kalkan, S., Krüger, N., Asfour, T., und Dillmann, R. (2007). Using tactile sensors for multisensorial scene exploration. Technical Report No. 2007-5, Robotics Group, The Maersk Mc-Kinney Moller Institute, University of Southern Denmark.

[Klatzky und Lederman, 2003] Klatzky, R. und Lederman, S. (2003). Representing spatial location and layout from sparse kinesthetic contacts. *Journal of Experimental Psychology: Human Perception and Performance*, 29(2):310 – 325.

[Klatzky et al., 1985] Klatzky, R. L., Lederman, S. J., und Metzger, V. (1985). Identifying objects by touch: An expert system. *Perception & Psychophysics*, 37:299 – 302.

[Konoshita et al., 1998] Konoshita, G., Ikhsan, Y., und Osumi, H. (1998). Sensor fusion with aspect information of visual and tactual sensing. In *Proceedings IEEE/RSJ International Conference on Intelligent Robots and Systems*, Vol. 2, S. 1046 – 1052.

[Kourtzi und Kanwisher, 2001] Kourtzi, Z. und Kanwisher, N. (2001). Representation of perceived object shape by the human lateral occipital complex. *Science*, 293(5534):1506 – 1509.

[Kraft et al., 2009] Kraft, D., Bierbaum, A., Kjaergaard, M., Ratkevicius, J., Kjaer-Nielsen, A., Ryberg, C., Petersen, H., Asfour, T., Dillmann, R., und Kruger, N. (2009). Tactile object exploration using cursor navigation sensors. In *Proceedings IEEE 3rd Joint EuroHaptics conference and Symposium on Haptic Interfaces for Virtual Environment and Teleoperator Systems - World Haptics*, S. 296 – 301.

[Latombe, 1991] Latombe, J.-C. (1991). *Robot Motion Planning*. Kluwer Academic Publishers.

[Laugier, 1986] Laugier, C. (1986). A program for automatic grasping of objects with a robot arm. In Pham, D. T., Hrsg., *Robot Grippers*. Springer Verlag Berlin / New York / Tokyo.

[LaValle, 2006] LaValle, S. M. (2006). *Planning Algorithms*. Cambridge University Press. http://planning.cs.uiuc.edu.

[Lederman und Klatzky, 1987] Lederman, S. J. und Klatzky, R. L. (1987). Hand movements: A window into haptic object recognition. *Cognitive Psychology*, 19(3):342 – 368.

[Lee et al., 2006] Lee, H.-K., Chang, S.-I., und Yoon, E. (2006). A flexible polymer tactile sensor: Fabrication and modular expandability for large area deployment. *IEEE/ASME Journal of Microelectromechanical Systems*, 15(6):1681–1686.

[Lee und Nicholls, 1999] Lee, M. H. und Nicholls, H. (1999). Tactile sensing for mechatronics - a state of the art survey. *Mechatronics*, 9(1):1 – 31.

[Lumelsky et al., 2001] Lumelsky, V. J., Shur, M. S., und Wagner, S. (2001). Sensitive skin. *IEEE Sensors Journal*, 1(1):41 – 51.

[Marquardt, 1963] Marquardt, D. W. (1963). An algorithm for least-squares estimation of nonlinear parameters. *SIAM Journal on Applied Mathematics*, 11(2):431 – 441.

[Martin, 2004] Martin, J. C. (2004). *Ein Beitrag zur Integration von Sensoren in eine anthropomorphe künstliche Hand mit flexiblen Fluidaktoren*. Dissertation, Universität Karlsruhe (TH), Fakultät für Maschinenbau.

[Martin et al., 2004] Martin, T., Ambrose, R., Diftler, M., Platt, R., J., und Butzer, M. (2004). Tactile gloves for autonomous grasping with the NASA/DARPA Robonaut. In *Proceedings IEEE International Conference on Robotics and Automation*, Vol. 2, S. 1713 – 1718.

[Micro, 2008] (2008). *Datenblatt PIC24HJ506 - 16-bit PIC24 MCU*. Microchip Technology Inc. http://www.microchip.com, Stand: 18. 02. 2011.

[Millar, 1994] Millar, S. (1994). *Understanding and Representing Space*. Oxford science publications. Clarendon Press, Oxford University Press.

[Millar und Al-Attar, 2004] Millar, S. und Al-Attar, Z. (2004). External and body-centered frames of reference in spatial memory: Evidence from touch. *Perception & Psychophysics*, 66(1):51 – 59.

[Moll, 2002] Moll, M. (2002). *Shape Reconstruction Using Active Tactile Sensors*. Phd thesis, Computer Science Department, Carnegie Mellon University, Pittsburgh, PA.

[Montana, 1988] Montana, D. J. (1988). The kinematics of contact and grasp. *The International Journal of Robotics Research*, 7(3):17 – 32.

[Nagata et al., 1999] Nagata, K., Ooki, M., und Kakikur, M. (1999). Feature detection with an image based compliant tactile sensor. In *Proceedings IEEE/RSJ International Conference on Intelligent Robots and Systems*, Vol. 2, S. 838 – 843.

[Natale et al., 2004] Natale, L., Metta, G., und Sandini, G. (2004). Learning haptic representation of objects. In *International Conference on Intelligent Manipulation and Grasping*, Genoa, Italy.

[Natale und Torres-Jara, 2006] Natale, L. und Torres-Jara, E. (2006). A sensitive approach to grasping. In *6th international Conference on Epigenetic Robotics*.

[Nguyen, 1987] Nguyen, V.-D. (1987). Constructing force-closure grasps in 3d. In *Proceedings IEEE International Conference on Robotics and Automation*, Vol. 4, S. 240 – 245.

[Nicolson, 1994] Nicolson, E. J. (1994). *Tactile Sensing and Control of a Planar Manipulator*. Phd thesis, Princeton University.

[NXP, 2007] (2007). *I^2C-bus specification and user manual, Rev. 03*. NXP. http://www.nxp.com, Stand: 18. 02. 2011.

[Ogata et al., 2005] Ogata, T., Ohba, H., Tani, J., Komatani, K., und Okuno, H. (2005). Extracting multi-modal dynamics of objects using rnnpb. In *Proceedings IEEE/RSJ International Conference on Intelligent Robots and Systems*, S. 966 – 971.

[Okamura und Cutkosky, 1999] Okamura, A. und Cutkosky, M. (1999). Haptic exploration of fine surface features. In *Proceedings IEEE International Conference on Robotics and Automation*, Vol. 4, S. 2930 – 2936.

[Okamura et al., 1997] Okamura, A., Turner, M., und Cutkosky, M. (1997). Haptic exploration of objects with rolling and sliding. In *Proceedings IEEE International Conference on Robotics and Automation*, Vol. 3, S. 2485 – 2490.

[Okamura und Cutkosky, 2001] Okamura, A. M. und Cutkosky, M. R. (2001). Feature detection for haptic exploration with robotic fingers. *The International Journal of Robotics Research*, 20(12):925 – 938.

[Omrcen et al., 2009] Omrcen, D., Boge, C., Asfour, T., Ude, A., und Dillmann, R. (2009). Autonomous acquisition of pushing actions to support object grasping with a humanoid robot. In *IEEE/RAS International Conference on Humanoid Robots*, S. 277 – 283.

[OMWDB, 2007] (2007). *KIT ObjectModels Web Database - Object Models of Household Items*. Institute for Anthropomatics, Humanoids and Intelligence Systems Laboratories, KIT. http://wwwiaim.ira.uka.de/ObjectModels/ , Stand: 18. 02. 2011.

[Padrón et al., 2007] Padrón, M. A., Suárez, J. P., und Plaza, A. (2007). Refinement based on longest-edge and self-similar four-triangle partitions. *Mathematics and Computers in Simulation*, 75(5-6):251 – 262.

[Peratech, 2011] (2011). *Peratech Ltd.* http://www.peratech.com/, Stand: 18. 02. 2011.

[Pertin-Troccaz, 1988] Pertin-Troccaz, J. (1988). Geometric reasoning for grasping: a computational point of view. In Ravani, B., Hrsg., *CAD Based Programming for Sensory Robots*, Vol. 50 of *NATO ASI Series*. Springer Verlag New York. ISBN 3-540-50415-X.

[Platt et al., 2002] Platt, R., J., Fagg, A., und Grupen, R. (2002). Nullspace composition of control laws for grasping. In *Proceedings IEEE/RSJ International Conference on Intelligent Robots and Systems*, Vol. 2, S. 1717 – 1723.

[Platt, 2007] Platt, R. (2007). Learning grasp strategies composed of contact relative motions. In *IEEE/RAS International Conference on Humanoid Robots*, S. 49 – 56.

[Platt, 2006] Platt, R. J. (2006). *Learning and Generalizing Control-Based Grasping and Manipulation Skills*. Phd thesis, University of Massachusetts.

[PPS, 2011] (2011). *Webseite Pressure Profile Systems*. Pressure Profile Systems, Inc. http://www.pressureprofile.com, Stand: 18. 02. 2011.

[Pratt et al., 1997] Pratt, J., Dilworth, P., und Pratt, G. (1997). Virtual model control of a bipedal walking robot. In *Proceedings IEEE International Conference on Robotics and Automation*, Vol. 1, S. 193 – 198.

[Pratt et al., 1996] Pratt, J., Torres, A., Dilworth, P., und Pratt, G. (1996). Virtual actuator control. In *Proceedings IEEE/RSJ International Conference on Intelligent Robots and Systems*, Vol. 3, S. 1219 – 1226.

[Prestes e Silva et al., 2002] Prestes e Silva, E., Engel, P. M., Trevisan, M., und Idiart, M. A. P. (2002). Exploration method using harmonic functions. *Robotics and Autonomous Systems*, 40(1):25 – 42.

[Rambow, 2008] Rambow, M. (2008). Potenzialfeldbasierte taktile Exploration von unbekannten Objekten mit einer humanoiden Roboterhand. Diplomarbeit, Universität Karlsruhe (TH), Fakultät für Informatik, Institut für Technische Informatik, IAIM.

[Rembold, 2001] Rembold, D. (2001). *Kommissionierungssystem mit automatischer Zuordnung von Greifwerkzeugen für die flexible Handhabung von Objekten.* Dissertation, Universität Karlsruhe (TH), Fakultät für Informatik.

[Röhrdanz, 1997] Röhrdanz, F. (1997). *Modellbasierte automatisierte Greifplanung.* Dissertation, TU Braunschweig.

[Roberts, 1990] Roberts, K. (1990). Robot active touch exploration: constraints and strategies. In *Proceedings IEEE International Conference on Robotics and Automation*, Vol. 2, S. 980 – 985.

[Schaeffer und Okamura, 2003] Schaeffer, M. und Okamura, A. (2003). Methods for intelligent localization and mapping during haptic exploration. In *Proceedings IEEE International Conference on Systems, Man and Cybernetics*, Vol. 4, S. 3438 – 3445.

[Schill, 2009] Schill, J. (2009). Modellbasierte Kraft-/Positionsregelung und Diagnostik für eine pneumatische humanoide Roboterhand. Diplomarbeit, Universität Karlsruhe (TH), Fakultät für Informatik, Institut für Technische Informatik, IAIM.

[Schmitz et al., 2008] Schmitz, A., Maggiali, M., Randazzo, M., Natale, L., und Metta, G. (2008). A prototype fingertip with high spatial resolution pressure sensing for the robot iCub. In *IEEE/RAS International Conference on Humanoid Robots*, S. 423 – 428.

[Schopfer et al., 2007] Schopfer, M., Ritter, H., und Heidemann, G. (2007). Acquisition and application of a tactile database. In *Proceedings IEEE International Conference on Robotics and Automation*, S. 1517 – 1522.

[Schulz et al., 1999] Schulz, S., Pylatiuk, C., und Bretthauer, G. (1999). A new class of flexible fluidic actuators and their applications in medical engineering. *at Automatisierungstechnik, Oldenbourg Wissenschaftsverlag*, 47(8):390 pp.

[Schulz et al., 2001] Schulz, S., Pylatiuk, C., und Bretthauer, G. (2001). A new ultralight anthropomorphic hand. In *Proceedings IEEE International Conference on Robotics and Automation*, Vol. 3, S. 2437 – 2441.

[SGI, 2011] (2011). *Open Inventor Standard.* Silicon Graphics International. http://oss.sgi.com/projects/inventor/, Stand: 18. 02. 2011.

[Shadow, 2003] (2003). *Shadow Robot Company Ltd.* http://www.shadowrobot.com, Stand: 18. 02. 2011.

[Si-Micro, 2008] (2008). *Datenblatt SM5822 - Co-Integrated Pressure Sensor.* Silicon Microstructures Inc. http://www.si-micro.com, Stand: 18. 02. 2011.

[Siciliano et al., 2008] Siciliano, B., Sciavicco, L., Villani, L., und Oriolo, G. (2008). *Robotics - Modelling, Planning and Control.* Advanced Textbooks in Control and Signal Processing. Springer Berlin / Heidelberg.

[Sinnott und Howard, 2001] Sinnott, J. und Howard, T. (2001). A hybrid approach to the recovery of deformable superquadric models from 3d data. In *Proceedings IEEE Computer Graphics International*, S. 131 – 138.

[Slaets et al., 2007] Slaets, P., Lefebvre, T., Rutgeerts, J., Bruyninckx, H., und De Schutter, J. (2007). Incremental building of a polyhedral feature model for programming by human demonstration of force-controlled tasks. *IEEE Transactions on Robotics*, 23(1):20–33.

[Smith, 2008] (2008). *Open Dynamics Engine (ODE), Release 0.9.* http://www.ode.org, Stand: 18. 02. 2011.

[Solina und Bajcsy, 1990] Solina, F. und Bajcsy, R. (1990). Recovery of parametric models from range images: the case for superquadrics with global deformations. *IEEE Transactions on Pattern Analysis and Machine Intelligence*, 12(2):131 – 147.

[Someya et al., 2005a] Someya, T., Kato, Y., Sekitani, T., Iba, S., Noguchi, Y., Murase, Y., Kawaguchi, H., und Sakurai, T. (2005). Conformable, flexible, large-area networks of pressure and thermal sensors with organic transistor active matrixes. In *Proceedings National Academy of Sciences of the United States of America*, Vol. 102, S. 12321 – 12325.

[Someya et al., 2005b] Someya, T., Sakurai, T., und Sekitani, T. (2005). Flexible, large-area sensors and actuators with organic transistor integrated circuits. In *Proceedings IEEE International Electron Devices Meeting*, S. 4 ff.

[Someya et al., 2009] Someya, T., Sekitani, T., Takamiya, M., Sakurai, T., Zschieschang, U., und Klauk, H. (2009). Printed organic transistors: Toward ambient electronics. In *Proceedings IEEE International Electron Devices Meeting*, S. 1 – 6.

[Son et al., 1995] Son, J., Cutkosky, M., und Howe, R. (1995). Comparison of contact sensor localization abilities during manipulation. In *Proceedings IEEE/RSJ International Conference on Intelligent Robots and Systems: Human Robot Interaction and Cooperative Robots*, Vol. 2, S. 96 – 103.

[Stanford, 2011] (2011). *Webseite Stanford 3D Scanning Repository*. Stanford University Computer Graphics Laboratory, http://graphics.stanford.edu/data/3Dscanrep/, Stand: 18. 02. 2011.

[Stansfield, 1991] Stansfield, S. (1991). A haptic system for a multifingered hand. In *Proceedings IEEE International Conference on Robotics and Automation*, Vol. 1, S. 658 – 664.

[Svestka und Overmars, 1998] Svestka, P. und Overmars, M. H. (1998). *Robot Motion Planning and Control*, Vol. 229/1998, Kap. Probabilistic path planning, S. 255 – 304. Springer Berlin / Heidelberg.

[Takamuku et al., 2008] Takamuku, S., Fukuda, A., und Hosoda, K. (2008). Repetitive grasping with anthropomorphic skin-covered hand enables robust haptic recognition. In *Proceedings IEEE/RSJ International Conference on Intelligent Robots and Systems*, S. 3212 – 3217.

[Tanaka und Kushihama, 2002] Tanaka, H. und Kushihama, K. (2002). Haptic vision - vision-based haptic exploration. In *Proceedings 16th International Conference on Pattern Recognition*, Vol. 2, S. 852 – 855.

[Tanaka et al., 2004] Tanaka, S., Tanigawa, T., Abe, Y., Uejo, M., und Tanaka, H. (2004). Active mass estimation with haptic vision. In *Proceedings 17th International Conference on Pattern Recognition*, Vol. 3, S. 256 – 261.

[Tegin und Wikander, 2005] Tegin, J. und Wikander, J. (2005). Tactile sensing in intelligent robotic manipulation - a review. *Industrial Robot: An International Journal*, 32(1):64 – 70.

[Tekscan, 2011] (2011). *Webseite Tekscan, Pressure Mapping and Force Measurement*. Tekscan, Inc. http://www.tekscan.com, Stand: 18. 02. 2011.

[Thrun, 1992] Thrun, S. (1992). The role of exploration in learning control. In White, D. und Sofge, D., Hrsg., *Handbook for Intelligent Control: Neural, Fuzzy and Adaptive Approaches*. Van Nostrand Reinhold, Florence, Kentucky 41022.

[Tise, 1988] Tise, B. (1988). A compact high resolution piezoresistive digital tactile sensor. In *Proceedings IEEE International Conference on Robotics and Automation*, Vol. 2, S. 760 – 764.

[Torres-Jara et al., 2006] Torres-Jara, E., Vasilescu, I., und Coral, R. (2006). A soft touch: Compliant tactile sensors for sensitive manipulation. Technical Report TR-2006-014, MIT CSAIL.

[Tschoegl, 1989] Tschoegl, N. W. (1989). *The phenomenological theory of linear viscoelastic behavior*. Springer Verlag Berlin / Heidelberg.

[Ueda et al., 2005] Ueda, J., Ishida, Y., Kondo, M., und Ogasawara, T. (2005). Development of the NAIST-hand with vision-based tactile fingertip sensor. In *Proceedings IEEE International Conference on Robotics and Automation*, S. 2332 – 2337.

[Uejo und Tanaka, 2004] Uejo, M. und Tanaka, H. (2004). Active modeling of articulated objects with haptic vision. In *Proceedings 17th International Conference on Pattern Recognition*, Vol. 1, S. 22 – 26.

[Umeda et al., 1999] Umeda, K., Furukawa, J., Osumi, H., Kinoshita, G.-I., und Sakane, S. (1999). Measurement of 3d shape parameters for hand-eye cooperation system by fusing tactual and visual data. In *Proceedings IEEE/RSJ International Conference on Intelligent Robots and Systems*, Vol. 2, S. 996 – 1001.

[Villarreal, 2008] (2008). *Metacarpals (Illustration)*. http://en.wikipedia.org/wiki/Metacarpus. Bilddatei *Metacarpals numbered-en.svg* zum Artikel *Metacarpus*, Webseite Wikipedia, Stand: 18. 02. 2011.

[Wang et al., 2007] Wang, D., Watson, B. T., und Fagg, A. H. (2007). A switching control approach to haptic exploration for quality grasps. In *Robotics: Science and Systems Conference, Workshop on Robot Manipulation: Sensing and Adapting to the Real World*, Georgia Tech, Atlanta.

[Weiss, 2011] (2011). *Webseite Weiss Robotics*. Weiss Robotics. http://www.weiss-robotics.de/, Stand: 18. 02. 2011.

[Werner et al., 2010] Werner, T., Kargov, A., Gaiser, I., Bierbaum, A., Schill, J., Schulz, S., und Bretthauer, G. (2010). A fluidic driven anthropomorphic robotic hand. *at - Automatisierungstechnik*, 58(12):681 – 687.

[Witkin und Baraff, 2001] Witkin, A. und Baraff, D. (2001). Physically based modelling. In *Conference on Computer Graphics and Interactive Techniques SIGGRAPH '01, Course Notes.* http://www.pixar.com/companyinfo/research/pbm2001/, Stand: 18. 02. 2011.

[Wolfson und Rigoutsos, 1997] Wolfson, H. und Rigoutsos, I. (1997). Geometric hashing: an overview. *IEEE Computational Science and Engineering Magazine,* 4(4):10–21.

[Wu und Levine, 1994] Wu, K. und Levine, M. (1994). Recovering parametric geons from multiview range data. In *Proceedings IEEE Computer Society Conference on Computer Vision and Pattern Recognition,* S. 159 – 166.

[Yaniger, 1991] Yaniger, S. (1991). Force sensing resistors: A review of the technology. In *Proceedings IEEE Electro International,* S. 666 – 668.

[Yokoya et al., 1992] Yokoya, N., Kaneta, M., und Yamamoto, K. (1992). Recovery of superquadric primitives from a range image using simulated annealing. In *Proceedings 11th IAPR International Conference on Pattern Recognition, Conference A: Computer Vision and Applications,* Vol. 1, S. 168 – 172.